한 권으로 이해하는 원자·소립자·양자의 세계

한 권으로 이해하는
원자·소립자·양자의 세계

사이토 가쓰히로 지음 | 곽범신 옮김

시그마북스

한 권으로 이해하는
원자·소립자·양자의 세계

발행일 2026년 1월 2일 초판 1쇄 발행
지은이 사이토 가쓰히로
옮긴이 곽범신
발행인 강학경
발행처 시그마북스
마케팅 정제용
에디터 최윤정, 최연정, 양수진
디자인 김문배, 강경희, 정민애

등록번호 제10-965호
주소 서울특별시 영등포구 양평로 22길 21 선유도코오롱디지털타워 A402호
전자우편 sigmabooks@spress.co.kr
홈페이지 http://www.sigmabooks.co.kr
전화 (02) 2062-5288~9
팩시밀리 (02) 323-4197
ISBN 979-11-6862-427-6 (03400)

"GENSHI·SORYUSHI·RYOUSHI NO SEKAI" NOKOTOGA ISSATSU DE MARUGOTO WAKARU
© KATSUHIRO SAITO 2025
Originally published in Japan in 2025 by BERET PUBLISHING CO., LTD., TOKYO
Korean Characters translation rights arranged with BERET PUBLISHING CO., LTD., TOKYO,
through TOHAN CORPORATION, TOKYO and EntersKorea Co., Ltd., SEOUL.

이 책의 한국어판 저작권은 (주)엔터스코리아를 통해 저작권자와 독점 계약한 시그마북스에 있습니다.
저작권법에 의하여 한국 내에서 보호를 받는 저작물이므로 무단전재와 무단복제를 금합니다.

파본은 구매하신 서점에서 교환해드립니다.

* 시그마북스는 (주)시그마프레스의 단행본 브랜드입니다.

시작하며

● 만물은 무엇으로 이루어져 있는가?

'만물은 무엇으로 이루어져 있는가?' 이 물음에 어떤 그리스의 철인은 이렇게 대답했습니다. '만물은 원자로 이루어져 있다.' 이 문답은 이후 2500년 이상이나 반복되어 왔지요.

그러다 19세기 말엽, 그때까지 궁극의 입자라고 여겨졌던 원자는 '원자핵과 전자'라는 2종류의 입자로 이루어져 있다는 사실이 밝혀졌습니다.

그런데 원자핵 역시 양성자와 중성자라는 2종류의 입자로 이루어져 있다는 사실이 밝혀졌지요. 그리고 양성자와 중성자 또한 다른 2종류의 입자로 이루어져 있다는 사실이 밝혀지면서 궁극의 입자가 될 자격을 상실했습니다.

그래서 '우리 주변에 궁극의 입자는 존재하지 않는가?' 하면 그렇지 않습니다. 전자가 궁극의 입자 중 하나라는 사실이 밝혀졌습니다. 전류의 근원인 전자가 궁극의 입자, 즉 소립자의 일종이었던 것입니다. 이후로 소립자 발견을 위한 연구가 이어졌고, 현재까지 20종에 가까운 소립자가 발견되었습니다.

그리고 지금은 이 수십 종류, 수십 개의 소립자가 서로 결합해 양성자나 중성자, 원자핵을 구성하고 그 원자핵이 결합해 분자를 이루며, 다시 수십 종류, 수십 개의 분자가 한데 모여 만물을 형성한다는 사실이 밝혀진 바 있습니다.

하지만 '소립자가 어떻게 원자를 구성하고, 원자가 어떻게 분자를 이루는가'에 대한 설명은 좀처럼 밝혀지지 않았습니다. 비로소 원자의 구조가 밝혀지기 시작한 것은 20세기 초에 접어든 뒤의 이야기입니다. 이 무렵에 당시 물리학의 근간을 뒤집은 양대 이론인 '상대성 이론'과 '양자론'이 등장했기 때문이지요.

● **우주와 극소의 세계**

이 양대 이론은 대조적인 형태로 등장했습니다. '상대성 이론'은 아인슈타인이라는 '단 한 명'의 천재 물리학자가 거의 완성된 형태로 학회에 제출했습니다.

당초 이 이론을 이해할 수 있었던 과학자는 많지 않았다고 합니다만, 이 이론이 천체의 움직임을 해명해냈기 때문에 많은 과학자들은 어쩔 수 없이 필사적으로 공부해서 지금에 이르렀다고 합니다.

그에 비해 최초의 양자론은 '$mvr = n\dfrac{h}{2\pi}$'와 같이, 수많은 물리학자들이 시행착오를 겪으면서 만들어낸 가정의 집합이었습니다. 그런데 이러한 조건식이 그전까지 아무도 해명하지 못했던 원자의 행동을 밝혀낸 것이지요.

이후로 여러 과학자들이 이 식의 의미를 밝혀내기 위해 노력을 기울이고, 부족한 이론을 추가하고, 실험 결과를 모두 아우를 수 있게끔 키워왔습니다. 이렇게 모두의 보살핌을 받으며 성장해온 이론이 바로 오늘날 우리가 말하는 '양자론'입니다.

'상대성 이론'과 '양자론'은 연구 대상으로 삼는 세계가 전혀 다릅니다.

'상대성 이론'은 '우주, 천체, 미래'라는 장대하며 깊은 세계, 그리고 그곳을 종횡무진하는 광자나 로켓 등의 무척이나 빠른 물체의 움직임을 대상으로 삼고 있습니다. 반면에 '양자론'은 '분자, 원자, 원자핵, 소립자라는 무척이나 미세한 물체의 움직임'을 다루고 있지요.

하지만 '극대와 극소는 서로를 끌어당긴다'라는 매력적인 명제는 여기에도 적용된 듯합니다. 현재 두 이론은 서로 영향을 주고받으며 한층 고도화된 응용 분야도 감당해낼 수 있게끔 성장을 이어나가고 있습니다.

● **머릿속에 남는 양자 이야기**

서두가 길어졌지만 이 책은 '원자·소립자·양자의 세계'에 대해 이해하기 쉽게, 커피 한 잔과 함께 즐겁게 읽을 수 있기를 바라며 썼습니다.

양자론을 다룬 교과서나 해설서는 무척 많습니다. 하지만 대학교 서점에 늘어선 딱딱한 교과서는 처음부터 끝까지 수식의 나열로 이루어져 있는지라 수학이 어려운 사람들에게는 알레르기를 유발할지도 모르겠네요. 반대로 쉬운 설명을 추구한 해설서의 경우에는 이게 과학 책인지 동양철학 책인지 헷갈릴 정도로 철학적인 분위기로 치우쳐져서 역시나 두드러기가 날 것만 같지요.

그리하여 이 책에서는 이해한 내용이 독자의 머릿속에 남게끔, 일단 구체적으로 머릿속에 떠오를 법한 내용을 중심으로 편찬해보았습니다. 그러려면 눈에 떠오르는 실체를 기틀로 삼아 설명해야 하지요.

이해하기 힘든 이론은 뇌를 그대로 지나치고 맙니다. 하지만 눈에 떠오른 내용은 뇌에 찰싹 달라붙지요. 그러다 점차 뇌가 익숙해지면서 이해를 촉구하게 됩니다. '독서백편의자현, 글을 백 번 읽으면 그 뜻이 저절로 나타난다'라는 말처럼 말이지요.

이 책에는 해설을 돕는 그림이 풍부하게 삽입되어 있습니다. 이를 훑어보기만 하더라도 이윽고 본질을 이해할 수 있게 될 겁니다. 중학교, 고등학교 등, 지금껏 공부를 해오면서 친숙해진 그림들과는 다를지도 모르겠네요. 하지만 잘 들여다본다면 그림이 가리키는 내용은 이해할 수 있으리라 생각합니다.

이전에 양자론의 책을 읽어본 적이 있는 분은 'OO해석'이라거나 '△△해석'같이 개인이 해석하기에 따라 여러 가지로 해석될 수 있는 내용을 접한 적이 있을지도 모릅니다. 그러나 이러한 내용들조차 여러 차례의 풀이 과정을 거친 끝에 '실험적 사실'

을 정확하게 재현할 수 있게끔 '해석'된 것입니다.

양자론의 본질은 어쩌면 여기에 있을지도 모릅니다. '몇 번이고 반복적으로 연산하는 과정에서 언젠가 본질과 마주하게 된다.' 전자구름을 포착하는 방식은 그야말로 이러한 사고방식이 아닐까요.

생각해본다면 양자론은 '이론이라기보다는 수단'이라고 하는 편이 나을지도 모릅니다. 하지만 적어도 현재까지 최선의 수단이라는 사실에 이론을 제기하는 사람은 없을 겁니다.

이 책을 읽은 분이 '원자·소립자·양자의 세계'에 흥미를 갖게 되어 더욱 높은 수준의 참고서, 교과서와 마주하게 되는 일이 있다면 그보다 더한 기쁨은 없으리라 생각합니다.

마지막으로 이 책을 출간하기 위해 크게 힘써주신 반도 이치로 씨, 이리쿠라 도시오 씨, 더불어 참고에 사용했던 서적의 저자 분들, 그리고 출판사 여러분께 깊은 감사의 말씀을 드립니다.

사이토 가쓰히로

차례

시작하며 ·· 6

제1장 소립자란 어떤 물질일까?

1-1 **세상의 만물을 구성하는 것은 무엇일까?** ············· 18
원자에서 소립자로

1-2 **모든 물질은 소립자에 다다른다** ····························· 22
페르미 입자

1-3 **소립자를 한데 모으는 것 역시 소립자였다** ········· 25
힘을 전달하는 게이지 입자

1-4 **세계의 성립을 설명하는 표준 모형 이후의 발견** ··· 31
중성미자 진동

1-5 **전기적인 성질이 정반대인 반입자의 발견** ··········· 38
쌍소멸과 쌍생성

1-6 **표준 모형의 부족한 부분을 보충하는 각종 소립자론** ··· 42
대통일 이론·초대칭성 이론·초끈 이론

제2장 극소의 세계로-양자론의 새벽

2-1 **현대 물리학의 양대 이론의 탄생** ··························· 46
상대성 이론과 양자론

2-2	**양자론에서 말하는 양자란 무엇일까?** ……………………… 50
	양자·양자화·양자수
2-3	**빛의 정체는 입자일까? 파동일까?** ……………………… 56
	안개상자·광전관 실험
2-4	**물질은 입자이기도 하며 파동이기도 하다** ……………………… 61
	물질파

제3장 양자론적으로 보는 원자의 구조

3-1	**원자 구조는 어떻게 해명되어 왔을까?** ……………………… 66
	고대 그리스부터 20세기 초까지
3-2	**방정식으로 도출된 원자 모형** ……………………… 70
	슈뢰딩거 방정식
3-3	**원자의 화학적 실체는 전자구름에 있다** ……………………… 76
	전자껍질과 양자수
3-4	**전자의 궤도는 입체를 이룬다** ……………………… 79
	양자론의 궤도
3-5	**전자구름은 전자의 존재 확률의 도식화** ……………………… 83
	하이젠베르크의 불확정성 원리
3-6	**전자 배치에는 규칙이 있다** ……………………… 88
	파울리와 훈트의 원리

| 3-7 | 무엇이 원자의 물성과 반응성을 지배할까? | 93 |

최외각 전자·원자가 전자의 역할

제4장 양자론적으로 보는 분자의 구조

| 4-1 | 수소 원자의 궤도와 수소 분자의 궤도 | 96 |

파동함수

| 4-2 | 간단하게 구해지는 수소 분자의 결합 에너지 | 101 |

궤도 상관도

| 4-3 | 같은 원자로 이루어진 분자의 결합 에너지는? | 105 |

동핵 이원자 분자

| 4-4 | 혼성궤도는 원자궤도의 재편성 | 109 |

sp^3 혼성궤도

| 4-5 | 몇 중 결합과 σ결합·π결합의 관계는? | 112 |

시스-트랜스 이성질체

제5장 소립자를 통해 보는 원자핵의 구조

| 5-1 | 원자의 구조와 원자핵의 구조 | 120 |

전자구름·원자핵과 양성자·중성자

5-2   **원자핵을 어떻게 표현할까?** 123
      원자번호·질량수·동위원소

5-3   **원자핵의 구조는 어디까지 밝혀졌을까?** 126
      원자핵 물리학의 '마법수'란

5-4   **원자핵의 양성자와 중성자를 결합시키는 결합 에너지** 130
      방사성 동위원소

5-5   **방사선에는 어떠한 것이 있을까?** 135
      α선·γ선·중성자선·양자선의 성질

제6장 원자핵 반응과 우주를 생성한 에너지

6-1   **원자핵은 어떻게 다른 원자핵으로 변화할까?** 140
      원자핵 반응·원자핵 붕괴

6-2   **방대한 에너지를 낳는 핵분열 반응과 핵융합 반응** 148
      원자핵 분열·원자핵 융합

6-3   **원자의 탄생과 성장-우주의 시작과 항성의 일생** 152
      항성·중성자별·초신성 폭발

6-4   **원자핵 반응을 이용한 원자력 발전의 원리** 158
      원자로의 구성 요소

6-5   **인간의 손으로 태양을 만드는 인공 핵융합이라는 꿈** 163
      핵융합로의 개발

제7장 지구와 인간에 우주 방사선이 끼치는 영향

7-1 우주 방사선은 우리의 생활에 뜻하지 않은 영향을 끼친다 ······ 168
  은하 우주 방사선과 태양 우주 방사선

7-2 대기 밖·대기 안의 우주 방사선을 구성하는 입자 ······ 173
  1차 우주 방사선·2차 우주 방사선

7-3 우주 방사선과 오로라는 무슨 관련이 있을까? ······ 177
  태양풍으로부터 지구를 지키는 자기권

7-4 오로라의 색깔과 형태의 차이는 어디에서 생겨날까? ······ 180
  색깔은 에너지의 차이

7-5 인체·인간사회에 미치는 우주 방사선의 영향 ······ 183
  전자파·오존홀

제8장 어떻게 현실세계에서 양자론을 활용할 수 있을까?

8-1 우주 방사선을 이용한 비파괴 검사와 정밀검사 ······ 190
  뮤 입자 투과법과 산란법

8-2 뮤 입자로 증명한 상대성 이론 ······ 193
  극소는 극대로 통한다

8-3 현대 화학을 이끌어낸 양자화학의 탄생 ······ 195
  궤도대칭성의 이론

| 8-4 | **양자역학을 이용한 양자 컴퓨터란?** | 202 |

양자 컴퓨터의 특기 분야

| 8-5 | **2019년에 밝혀진 블랙홀의 존재** | 205 |

블랙홀의 종류

| 8-6 | **초전도 발생 기구의 해명과 새로운 초전도체의 발견** | 209 |

임계온도의 향상

참고문헌 ········· 212
찾아보기 ········· 213

제 1 장

소립자란 어떤 물질일까?

세상의 만물을 구성하는 것은 무엇일까?

―― 원자에서 소립자로

● 세상을 구성하고 있는 원자

예전 고대 그리스 시대부터, 아니, 필시 그보다 훨씬 오래전부터 인간은 '세상은 무엇으로 이루어져 있는가?'라는 물음을 던져왔습니다.

고대 그리스에서 원자론자라 불린 이들은 '아톰(원자)'이라는 입자가 모여서 세상을 이룬다고 생각했습니다.

그로부터 2500년, 다양한 지역에서 다양한 종교를 믿는 다양한 사람들이 다양한 설을 주장하기 시작했습니다. '4원소론', '지수화풍(地水火風)', '음양오행' 등, 물리라기보다는 종교, 혹은 윤리라고 부르는 편이 더 나아 보이는 설들이 나타나고 사라져갔지요.

● 세상을 구성하는 최종 입자를 찾아서

그리고 19세기 말엽, 우수한 관측기기와 뛰어난 물리이론을 손에 넣은 사람들이 도달한 설은 또다시 원자론이었습니다.

사람들은 원자야말로 세상을 구성하는 최소이자 최종의 입자라고 믿었습니다. 하지만 그와 동시에 원자는 적어도 전하(電荷)가 다른 2종류의 입자로 이루어져 있으며 어떠한 구조를 갖추고 있다는 사실도 알고 있었지요.

이 원자의 구조가 밝혀진 때는 20세기 초, 그전까지의 물리이론과는 질적으로나

정밀도 면에서나 하늘과 땅 차이인 '양자론'과 '상대성 이론'이 출현한 뒤의 이야기였습니다.

그보다는 **원자 구조를 밝혀내는 과정에서 양자론이 만들어지고, 발전해나갔다**고 하는 편이 나을지도 모르겠네요.

하지만 '적어도 2종의 입자로 이루어져 있으며 구조를 갖춘 입자'가 '세계를 구성하는 최종 입자'일 리는 없습니다. 그래서야 자기모순이겠지요.

적어도 이 2종의 입자 중 하나가 최종 입자일 가능성이 있고, 어쩌면 이 2종의 입자도 또 다른 작은 입자로 이루어져 있을지도 모릅니다.

그렇다면 그 입자란 무엇일까요?

이리하여 정식으로 최종 입자를 찾는 경주가 시작되었습니다. 그리고 이 **궁극의 미립자에 붙은 이름이 바로 '소립자(素粒子)'**이지요. 세계를 구성하는 최종 입자를 찾는 여정은 지금까지의 '원자 탐구'에서 '소립자 탐구'로 변한 것입니다.

● **최종 입자는 정해졌는가**

인간이 한동안 가장 작은 마지막 입자라고 생각했던 원자는 이후 수많은 종류가 있다는 사실이 밝혀졌습니다.

원소로서 지구상의 자연계에 존재하는 것만 해도 92종류, 원소를 구성하는 몇 종류의 동위원소를 각각 다른 원자라고 본다면 원자는 무려 2000종류가 넘으리라 생각됩니다.

원소의 종류만 하더라도 자연계에 존재하는 것뿐 아니라, 그 후 인간이 만들어낸 원자까지 포함되면서 현재는 118종이 알려져 있지요.

현재 이미 작성되어 있지만 여러 사정 때문에 이름이 붙지 못한 원소도 있으니, 훗날 훨씬 늘어나리란 사실은 확실합니다.

하지만 궁극의 최종 입자가 118종류가 넘는다면 곤란한 일입니다. 좀 더 줄일 수는 없을까, 하고 생각하던 차에 '원자는 원자핵과 전자라는 2종류의 입자로 이루어

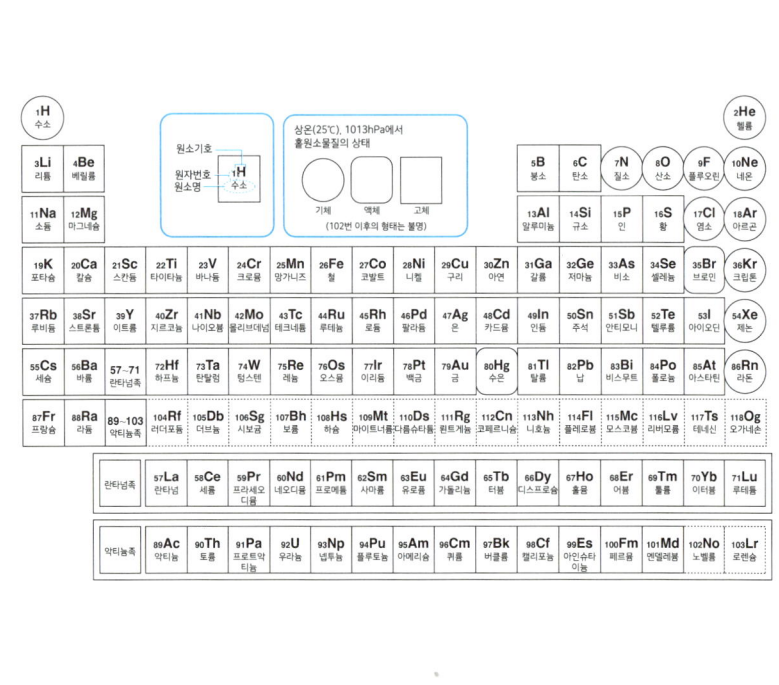

져 있다'라는 반가운 소식이 날아들었지요.

"무려 118종류에서 겨우 2종류로 좁혀졌다"라며 기뻐한 것도 잠시, 사실 원자핵은 한 종류가 아니라 무척 많으며, 그 종류는 원자의 종류와 같다는 사실이 알려졌습니다.

"큰일이다. 이러다간 '118종의 원자핵'+'전자'로 최종 입자의 종류는 119종류가 되고 만다"라고 한탄하던 찰나, 또 다시 반가운 소식이 찾아왔습니다. 원자핵은 겨우 2종류의 입자, 즉 양성자와 중성자로 이루어져 있다는 사실이었습니다.

"다행이야, 이로써 최종 입자는 겨우 3종류, 전자, 양성자, 중성자다"라고 안도의 한

숨을 내쉰 그때, '소립자 발견'이라는 소식이 날아들게 됩니다. 그리고 그 종류는 또다시 적어도 17종류, 많게는 수십 종류까지…….

최종 입자를 찾는 여정은 현재 이러한 상황이 아닐까 싶네요.

양자 세계의 창문

새로운 소립자의 발견

소립자가 몇 종류나 있는지는 아무도 모릅니다. 따라서 현재도 새로운 소립자를 발견하기 위한 연구가 진행되고 있지요.

하지만 새로이 발견되는 소립자의 대부분은 지구상에서 안정적인 형태로 존재하고 있지 않습니다. 높은 에너지를 지닌 소립자끼리 충돌해 순간적으로 만들어졌다가 곧바로 파괴되어 사라져버리고 말지요.

소립자 연구를 위해 이 충돌을 일으키고자 이전에는 우주에서 내려오는 고 에너지 소립자인 우주 방사선을 사용했습니다. 하지만 우주 방사선은 이용할 수 있는 입자의 수가 적어서 자세한 연구에는 적합하지 않습니다.

그래서 최근에는 전자나 양성자를 전기장이나 자기장을 이용해 인공적으로 높은 에너지로 가속시키는 입자가속기를 사용하고 있습니다.

그 대표가 바로 스위스 제네바 교외 프랑스와의 국경에 설치된 CERN(세른, 유럽 원자핵 공동연구소)의 대형 하드론 충돌형 가속기입니다. 이것은 원형 가속기로, 그 전체 둘레는 약 26.7km입니다. 둘레가 34.5km에 달하는 일본의 야마노테선 노선에 필적하는 크기지요.

또한 우주 방사선 안이나 지표, 땅속에 존재할지도 모르는 안정적인 소립자를 찾으려는 시도 역시 이어지고 있습니다.

모든 물질은 소립자에 다다른다

―― 페르미 입자

소립자란 물질을 잘게 쪼개어 나갔을 때 마지막으로 다다르게 되는, 더 이상 쪼갤 수 없는, 다시 말해 **구조를 갖지 않는 가장 작은 마지막 알갱이인 미립자**를 말합니다.

그 크기는 아직 명확히 해명되지 않았지만 적어도, 0.0000000000000000001 = 1 ×10^{-19}mm 이하라고 합니다. 이는 더 이상 알갱이라고는 부를 수 없을 정도로 작은 물질이지요.

● **소립자에는 세 가지 그룹이 있다**

하지만 어렴풋하게나마 원자 구조를 알게 된 지 100년, 소립자 역시 어렴풋하게나마 눈에 들어오기 시작했습니다.

그에 따르면 소립자는 크게 세 가지 그룹으로 나눌 수 있다고 합니다.

- 물질을 구성하는 소립자: 페르미 입자
- 힘을 전달하는 소립자: 게이지 입자
- 질량을 부여하는 소립자: 힉스 입자

이상의 세 가지 특징을 지닌 그룹이지요.

각각의 그룹을 그림1-2-1에 정리했습니다.

그림 1-2-1 · 소립자의 표준 이론 (1-4 단원 참조)

페르미온(물질입자)			보손(상호작용입자)	
페르미 입자			게이지 입자	힉스 입자

쿼크
- u 위
- c 맵시
- t 꼭대기
- d 아래
- s 기묘
- b 바닥

렙톤
- e 전자
- μ 뮤 입자
- τ 타우
- $ν_e$ 전자 중성미자
- $ν_μ$ 뮤 중성미자
- $ν_τ$ 타우 중성미자

게이지 입자
- γ 포톤(광자)
- g 글루온
- $W^±$ W보손
- Z^0 Z보손

힉스 입자
- H 힉스 입자

● **물질을 구성하는 '페르미 입자'**

물질을 구성하는 소립자에는 몇 종류가 있지만 한데 모아 '페르미 입자'라고 불립니다.

페르미 입자는 또한 '쿼크'라는 그룹과 '렙톤'이라는 그룹으로 나뉘지요.

그리고 쿼크와 렙톤에는 각각 6종류의 소립자가 있습니다. 따라서 페르미 입자는 전부 12종류가 있다는 말이 됩니다.

각종 소립자의 집합체인 원자를 예로 들어 구체적으로 살펴보면 원자는 원자핵과 그 주변에 있는 전자(구름)로 이루어져 있습니다. 이 전자가 렙톤족의 소립자입니다.

그리고 원자핵은 양성자와 중성자라는 2종의 입자로 이루어져 있는데, 이 양성자와 중성자는 쿼크족의 소립자 3개로 이루어져 있습니다. 즉, '양성자는 2개의 위 쿼크와 1개의 아래 쿼크', '중성자는 1개의 위 쿼크와 2개의 아래 쿼크'로 이루어져 있지요.

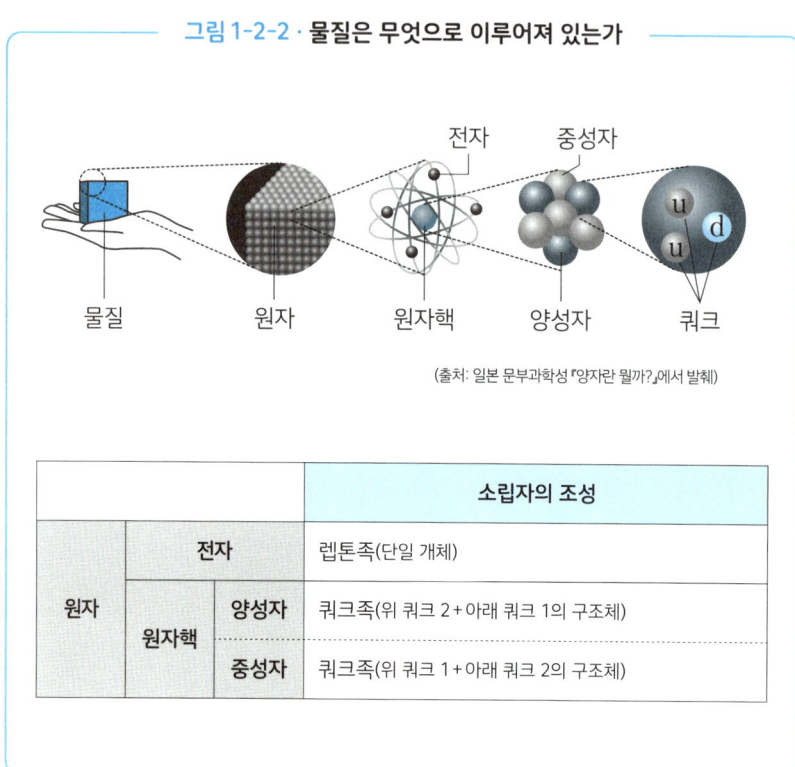

그림 1-2-2 · 물질은 무엇으로 이루어져 있는가

(출처: 일본 문부과학성 『양자란 뭘까?』에서 발췌)

			소립자의 조성
원자	전자		렙톤족(단일 개체)
	원자핵	양성자	쿼크족(위 쿼크 2 + 아래 쿼크 1의 구조체)
		중성자	쿼크족(위 쿼크 1 + 아래 쿼크 2의 구조체)

　따라서 고등학교 화학에서 배우는, 원자를 구성하는 3종류의 입자인 전자, 양성자, 중성자 중에서 **소립자라고 부를 수 있는 것은 전자뿐**입니다.

　양성자와 중성자는 각각 적어도 '2종류 3개의 소립자'로 이루어진 구조체지요.

소립자를 한데 모으는 것 역시 소립자였다

—— 힘을 전달하는 게이지 입자

최종 입자를 찾는 여정의 목표는 '세계를 구성하는 최소·최종의 입자'를 찾는 것이었습니다. 그렇다면 물질을 구성하는 소립자인 페르미 입자를 발견했을 때 끝났어야 합니다.

그런데 여정을 시작하고 보니 소립자를 구성하는 것은 '물질'뿐만이 아니었다는 사실이 밝혀지기 시작했지요.

● **입자를 구성하는 소립자의 힘**

소립자가 모여서 양성자나 중성자 같은 입자를 구성하려면 서로를 한데 모으는 '힘'이 필요한데, 그 힘을 구성하고 있던 것 역시 소립자였습니다.

이는 상대성 이론으로 유명한 아인슈타인의 공식,

$E = mc^2$

(E: 에너지〈힘〉, m: 질량〈물질〉, c: 광속)

을 보면 쉽게 이해할 수 있습니다. **상대성 이론에 따르면 물질과 힘은 호환성이 있으며 최종적으로는 같은 것**이라고 합니다.

즉, 소립자는 이 세상의 모든 '힘'을 전달하는 역할을 맡는다고 볼 수 있습니다. 힘을 전달하는 소립자의 그룹을 **'게이지 입자'**라고 부릅니다.

이 세상에는 다양한 종류의 힘이 있는 것처럼 보이지만 실은 겨우 '4종류'뿐입니다. 그 4종류의 힘이란 ①'전자기력', ②'강력(강한 힘)', ③'약력(약한 힘)', ④'중력'이지요.

① 전자기력을 전달하는 소립자 '포톤(광자)'

전자기력이란 전기력과 자력의 총칭입니다.

 전기의 힘이란 +와 -는 끌어당기고, +와 +, -와 -는 반발하는 힘입니다.

 자력이란 자석의 남과 북이 서로를 끌어당기고, 남과 남, 북과 북은 반발하는 힘입니다. 이 힘들을 전달하는 것이 '포톤'이라는 소립자입니다. 참고로 우리말로는 광자 역시 포톤이라고 합니다. 눈에 보이는 빛은 포톤이 전달하고 있습니다. 만약 포톤이 없다면 이 세상은 어두컴컴한 어둠으로 뒤덮이게 됩니다.

② 강력을 전달하는 소립자 '글루온'

'강력'의 의미는 위에 언급한 전자기력에 비해 힘이 강하다라는 뜻입니다. 구체적으로는 원자핵 안의 중성자와 양성자를 붙이는 힘을 말합니다. 이 힘을 전달하는 것이 '글루온'이라는 소립자입니다.

③ 약력을 전달하는 소립자 'W보손, Z보손'

'약력' 역시 전자기력에 비해 힘이 약하다라는 사실에서 붙은 이름입니다. 구체적으로는 방사성 물질이 β붕괴를 일으켰을 때 발생하는 힘을 말합니다.

 이 약력을 전달하는 것이 'W보손'과 'Z보손'이라는 소립자로, 한데 묶어서 '위크 보손'이라고 합니다. 위크 보손은 중성자가 양성자로 변환될 때 방출됩니다.

④ 중력을 전달하는 소립자 '그라비톤'

우리는 지구의 중심으로 끌어당겨지고 있습니다. 이는 지구의 중력에 따른 결과로, 이 힘을 전달하는 것이 바로 '그라비톤'이라는 소립자입니다.

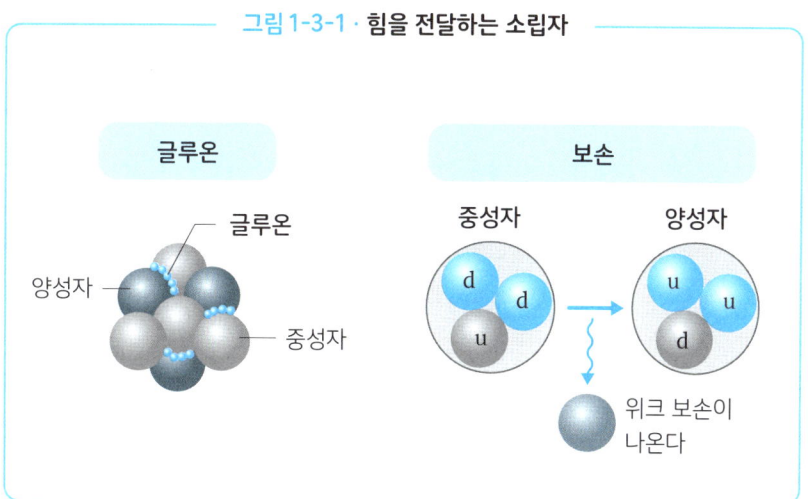

그림 1-3-1 · 힘을 전달하는 소립자

다만 그라비톤은 아직 발견되지 않았습니다. 이론적으로 예언되고 있을 뿐이지요. 전 세계에 지명수배되어 전 세계의 과학자들이 찾고 있으니 조만간 발견되지 않을까요.

● **질량을 전달하는 소립자 '힉스 입자'**

질량이란 어떤 물질이 갖고 있는 양을 말합니다. 일상적으로는 무게, 중량이라고 표현하기도 합니다. 하지만 질량과 무게는 다릅니다.

ⓐ **질량과 무게**

질량이란 그 물질이 갖고 있는 '고유한 양'을 뜻하는 말로, 주변 환경이 달라지더라도 질량이 달라지는 일은 없습니다. '질량 100g'의 물질은 한국에 있든 달에 있든 마찬가지로 '질량 100g'입니다.

한편 한국에서 '무게 100g'인 물질은 달에서는 '무게 약 16.7g'이 됩니다. **무게는 두 물질 사이에 작용하는 인력에 따른** 것으로, 지구의 인력과 달의 인력은 다르기 때문입니다.

물론 한국과 미국 사이에서도 무게는 다릅니다. 따라서 과학적으로 말할 경우에는 무게 대신 질량이라고 이야기를 합니다.

ⓑ 힉스 입자와 질량

1L의 페트병에 담긴 물은 1000g이라는 질량을, 10원짜리 동전은 1g이라는 질량을 갖고 있습니다. 그리고 이 물질들은 **페르미 입자**라는 소립자로 이루어져 있습니다. 다만 페르미 입자와 위크 보손 이외의 소립자는 자기 자신의 질량을 갖고 있지 않습니다. 즉, 무게가 없는 유령 같은 존재인 셈이지요.

하지만 우리 주변에는 현재 밝혀진 소립자를 제외하면 질량이 없는 '물질'은 달리 존재하지 않습니다. 이를 모순 없이 설명하려면 어떡해야 좋을까요?

여기서 등장한 것이, **다양한 소립자에 질량을 부여하는 소립자가 있으면 되지 않겠느냐**는 발상이었습니다. 이렇게 등장한 것이 '**힉스 입자**'라는 소립자입니다.

힉스 입자의 존재가 예언된 때는 1964년이었습니다. 이후로 실체를 찾아다니길 반세기, 비로소 발견된 때는 2012년이지요. 이를 기다리고 있었다는 듯이 2013년에 예언자인 영국의 이론물리학자 **피터 힉스** 박사와 동료에게 노벨상을 수여했습니다.

● **피터 힉스**(1929~2024): 소립자의 '질량의 기원'을 설명하는 힉스 입자를 발견해 2013년에 노벨물리학상을 수상했다. (출처: Bengt Nyman)

ⓒ 힉스 입자의 작용

그렇다면 힉스 입자는 어떻게 다른 물질에게 질량을 부여하는 걸까요? 사실 힉스 입자는 딱히 뭔가를 하는 것이 아닙니다. 가만히 존재하고 있을 뿐이지요. 말로만 설명해봐야 이해하기 어려울 테니 예를 들어서 알아보겠습니다.

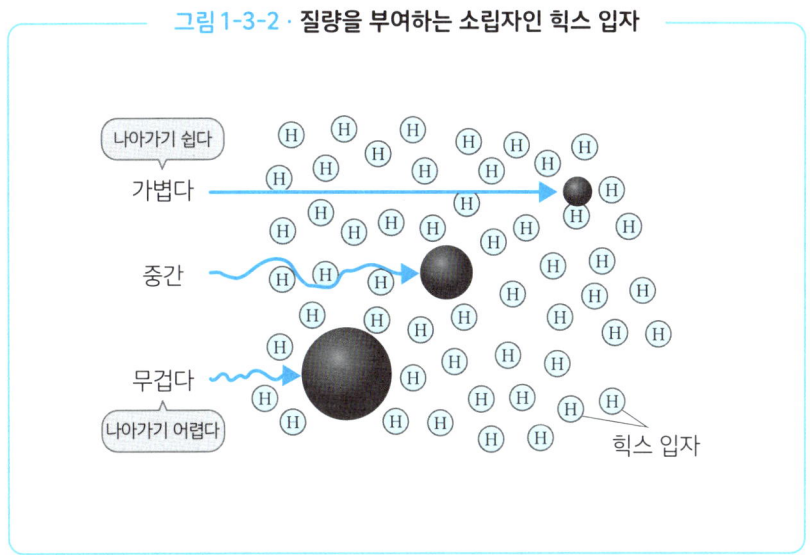

그림 1-3-2 · 질량을 부여하는 소립자인 힉스 입자

 인파 속을 맨몸으로 곧장 나아가려 하는 상황을 상상해보세요. 다음으로 커다란 짐을 들고 마찬가지로 인파 속을 나아가려 하는 상황을 상상해보기 바랍니다.
 당연히 짐을 들고 있을 때가 더 나아가기 어려울 겁니다.
 질량의 크기란 이 '나아가기 힘든 정도'에 해당한다고 비유할 수 있습니다.
 즉, '인파 속 한 사람 한 사람'이 힉스 입자에 해당합니다. 그러니 힉스 입자는 우리 주변에 당연하다는 듯 존재합니다.
 그런데 공기처럼 눈에 보이지 않고 귀에 들리지 않기 때문에 찾기가 무척이나 어려워서 바로 얼마 전까지 발견되지 않았던 것이지요.
 만약 힉스 입자가 존재하지 않아 물체에 질량이 없었다면 어떻게 될까요? 모든 물질이 빛의 속도로 멋대로 이리저리 날아다니게 됩니다. 당연히 우리의 몸 역시 예외는 아니지요.
 다만 소립자 중 포톤(광자)과 글루온만큼은 힉스 입자와 충돌하지 않으므로, 힉스 입자가 존재하는 공간에서도 광속으로 이동할 수 있습니다.

양자 세계의 창문

세계는 디지털인가? 아날로그인가?

최근의 세계는 디지털로 움직이고 있는 듯합니다. 각종 전자기기들은 오로지 0 아니면 1인 디지털로 이루어져 있습니다. 하지만 옛날 사람인 저는 디지털에 익숙해지지 못해 가능한 한 아날로그로 버티고 있지요.

좋아하는 음악도 레코드판으로 듣고 싶지만 30분마다 레코드를 갈아주기가 곤란하므로 CD로 듣습니다. 하지만 앰프는 완전 진공관식으로, KT66이라거나 6336A 같은 대형 진공관을 세워두고 열심히 바라보고 있습니다(진공관은 바라보는 것이지 듣는 것이 아닙니다).

이 세상은 원자라는 입자로 이루어져 있으니 디지털이라 해도 무방할 테지요. 하지만 그 입자를 살펴보면 전자의 존재 범위는 확률적으로 나타나고 있으니 이는 영역이 확정되지 않은 아날로그 같은 존재입니다.

아날로그적인 입자로 이루어진 세계는 아날로그일까요? 아니면 디지털일까요?

세계의 성립을 설명하는 표준 모형 이후의 발견

—— 중성미자 진동

지금까지 소개해온 **소립자의 행동을 설명하는 모델을 '표준 모형'**이라고 합니다. 표준 모형은 1970년경에 세워진 이론으로, 이 안에는 물질을 구성하는 소립자, 힘을 전달하는 소립자, 질량을 낳는 소립자가 포함되어 있습니다. 표준 모형 덕분에 이 세상이 어떻게 성립되어 있는지를 거의 모두 설명하는 데 성공했지요.

하지만 강력과 약력의 통일이 아직 이루어지지 않은 점, 중력을 같은 틀 안에 포함시키지 못한다는 점 등, 표준 모형에는 불완전한 점도 많습니다.

또한 이 이론에 따르자면 3종류의 소립자 **중성미자**는 모두 질량을 갖지 않습니다. 그런데 최근, **중성미자 진동**이라는 현상이 발견되어 중성미자가 질량을 갖는다는 사실이 밝혀졌지요. 이는 표준 모형을 재검토할 필요가 등장했음을 가리키고 있습니다.

● **페르미 입자의 '세대'**

앞서 언급했듯 물질을 구성하는 기본 입자는 **페르미 입자**라고 불리며, **쿼크**, **렙톤** 각각 6종, 합계 12종이 있습니다.

이 입자들은 2종류의 쿼크와 2종류의 렙톤을 한 조로 묶어서 '세대'라고 부릅니다.

ⓐ 제1세대

제1세대의 쿼크는 위(u)와 아래(d)의 2종류이며, 렙톤은 전자(e^-)와 전자 중성미자(v_e)입니다.

　우리가 살아가는 세상을 구성하는 물질의 기본 입자는 원자이며 원자는 전자, 양성자, 중성자로 이루어져 있지요. 양성자는 2개의 위 쿼크와 1개의 아래 쿼크, 중성자는 1개의 위 쿼크와 2개의 아래 쿼크로 이루어져 있으니 **원자는 제1세대 소립자로 이루어져 있다는** 말이 됩니다.

ⓑ 제2세대

제2세대의 쿼크는 맵시(c)와 기묘(s)의 2종이며, 렙톤은 뮤(μ^-)와 뮤 중성미자(v_μ)입니다.

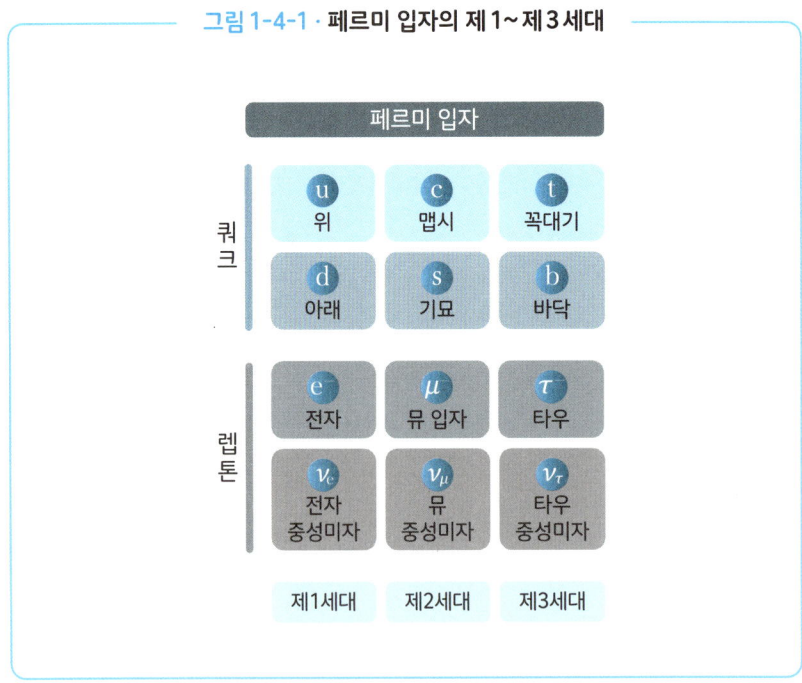

그림 1-4-1 · 페르미 입자의 제1~제3세대

ⓒ **제3세대**

제3세대의 쿼크는 꼭대기(t)와 바닥(b)이며, 렙톤은 타우(τ^-)와 타우 중성미자(v_τ)입니다.

● **게이지 입자의 내용**

힘을 매개하는 기본 입자로서 4종의 입자로 이루어진 **게이지 입자**에 대해 알아보겠습니다.

　그 내용은 '전자기력'을 전달하는 포톤(광자), 양성자나 중성자 등의 핵자 사이에 작용하는 '강력'을 전달하는 글루온, 그리고 전자기력보다 약한 힘을 전달하는 W보손과 Z보손의 4종류입니다.

　물질 사이에서 이 입자들이 교환됨에 따라 힘이 생겨난다고 합니다.

　게이지 입자와 힉스 입자, 중력을 전달하는 그라비톤 입자까지 모두 6종의 소립자를 한데 묶어 **보스 입자**(보손)이라고 부르기도 합니다.

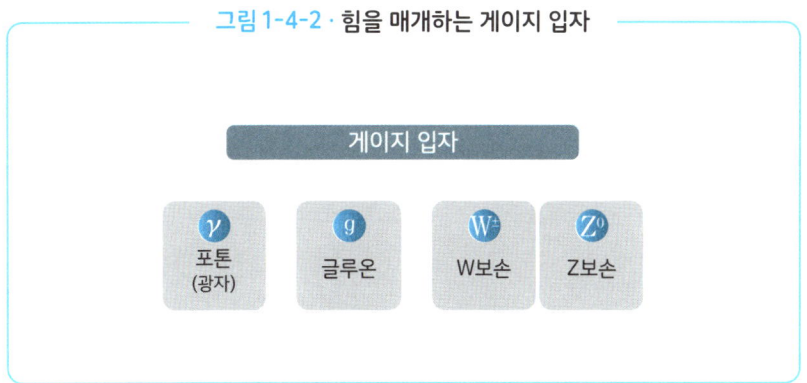

그림 1-4-2 · 힘을 매개하는 게이지 입자

● **일본인에게 널리 알려진 입자**

소립자나 그 외의 극소 입자 중에는 일본인에게 널리 알려진 입자가 있습니다. 그에 대해 다루어보겠습니다.

ⓐ 중성미자

일본인에게 친숙한 소립자는 바로 **중성미자**입니다. 2002년에 **고시바 마사토시** 박사(1926~2020), 2015년에 **가지타 다카아키** 박사(1959~) 두 사람이 중성미자 연구로 노벨물리학상을 수상했습니다.

• 관측 시설

중성미자가 유명해진 원인 중 하나로 관측 시설인 '**가미오칸데**'가 있습니다.

과거의 소립자 연구는 이론을 이용한 연구였기에 극단적으로 말하자면 종이와 연필만 있으면 충분했을지도 모릅니다. 하지만 현대의 소립자 연구는 실증 연구에 중점을 두고 있습니다. 실증 연구에 관측기구가 없어서야 죽도 밥도 안 되겠지요. 중성미자 연구가 바로 그러한 연구였습니다.

일본의 중성미자 연구는 일본 기후현 가미오카초의 지하 1000m에 있는 가미오칸데라는 연구 시설에서 실시되었습니다.

이곳은 다이쇼 시대(1912~1926)부터 이어져온 공해 '이타이이타이병'의 원인인 유

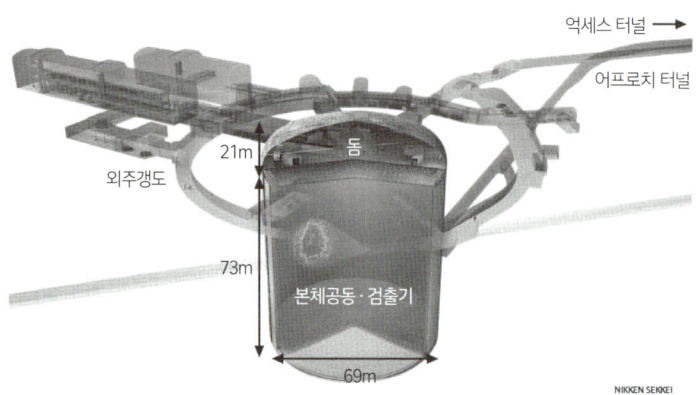

● 하이퍼 가미오칸데 검출기의 개관(출처: 도쿄대학 우주 방사선 연구소 가미오카 우주 소립자 연구시설)

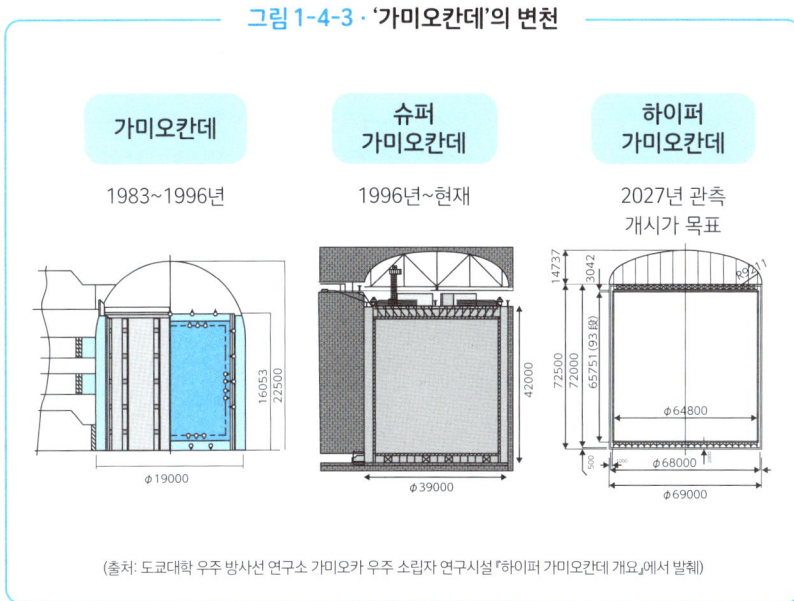

그림 1-4-3 · '가미오칸데'의 변천

(출처: 도쿄대학 우주 방사선 연구소 가미오카 우주 소립자 연구시설 『하이퍼 가미오칸데 개요』에서 발췌)

해금속 카드뮴을 진쓰강에 폐기한 사실로 유명한 아연 광산 가미오카 광산의 옛 터로, 아연 채굴에 사용했던 갱도를 이용한 시설입니다.

가미오칸데는 3000t의 초순수를 저장한 탱크와 그 벽면에 설치된 1000개의 광전자 증배관으로 이루어진 장치입니다.

초대 가미오칸데의 건설비는 4억 엔이었다고 하는데, 대를 이어나가며 장치가 커질 때마다 가격이 높아져서 '**슈퍼 가미오칸데**'의 경우 100억 엔, 최신식인 '**하이퍼 가미오칸데**'의 경우는 675억 엔이라고 합니다.

• 중성미자의 성질

중성미자는 전자와 가족 같은 관계로, 페르미 입자 중 렙톤족에 속합니다.

중성미자는 매우 가벼운 입자이기에 다른 소립자와 거의 상호작용하지 않습니다. 따라서 중성미자는 인체를 향해 날아오더라도 인체를 그대로 통과해 아무런 영향을 미치지 않는 무해한 입자지요.

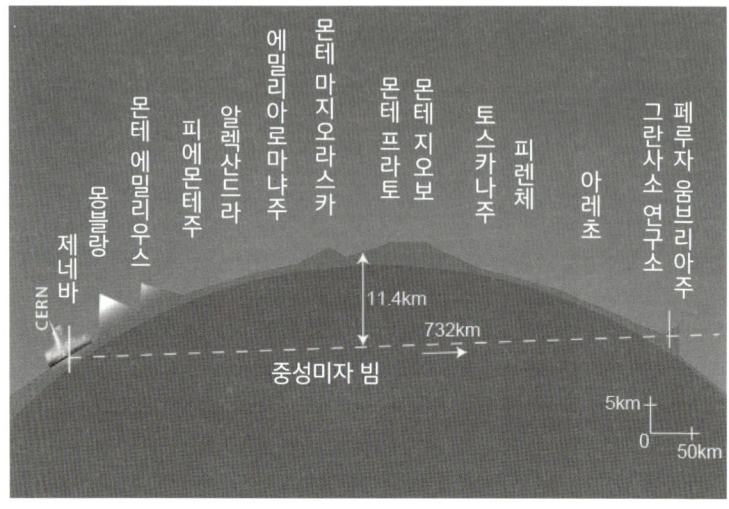

● 중성미자 속도 실험: 중성미자를 제네바의 CERN에서 이탈리아의 그란사소 연구소로 날린 속도 실험이 실시된 지형. (출처: CNGS(CERN Neutrinos to Gran sasso) 프로젝트 페이지 http://proj-cngs.web.cern.ch/proj-cngs/)

그러한 입자이기에 직접 관측하기란 불가능합니다. 하지만 입자가 물 분자와 충돌할 때 '**체렌코프 빛**'이라 불리는 빛을 내뿜으므로, 관측하기 위해서는 이것을 광전자 배증관으로 검출해야 합니다.

중성미자가 언론에서 유명해진 것은 2011년에 실시된 실험 때문입니다. 중성미자를 제네바의 CERN(유럽원자핵 공동연구소)에서 약 730km 떨어진 이탈리아의 그란사소 연구소로 날리자 2.43ms(밀리세컨드: 1000분의 1초) 후에 도착했습니다.

이 실험을 통해 중성미자의 비행 속도를 계산해보면 광속보다 빠르다는 말이 됩니다.

현대 물리학에서 무엇과도 바꿀 수 없는 주춧돌 중 하나는 상대성 이론으로, 상대성 이론은 '광속보다 빠른 것은 없다'라는 전제하에서 성립되어 있습니다. 따라서 중성미자의 비행 속도가 광속보다 빠르다는 사실이 명확해진다면 상대성 이론을 재검토할 필요가 있겠지요.

하지만 다행(?)히도 실험의 측정 오차를 재검토해본 결과, 중성미자의 비행 속도는 광속을 넘지 못한다는 사실을 발견하며 사건은 마무리되었습니다.

ⓑ 중간자

중간자는 소립자가 아니지만 1949년에 일본인 최초로 노벨상을 수상한 **유카와 히데키** 박사(1907~1981)가 예언한 입자로 너무나도 유명하기 때문에 여기서 언급해두겠습니다.

원자핵을 구성하는 양성자나 중성자 등의 핵자를 결합시키는 힘인 핵력은 하전입자 사이에서 작용하는 쿨롱힘에 비하면 세기는 100배 정도 크지만, 한편으로는 원자핵 크기 정도의 짧은 거리에서밖에 작용하지 않는다는 특징이 있어서 그 본래 성질은 당시 전혀 밝혀진 바가 없었습니다.

1935년, 유카와 박사는 이 핵력은 중간자라는 미지의 입자가 핵자들 사이에서 오고감에 따라 생겨난다고 생각했습니다. 계산 결과, 핵력은 실험과 정확하게 합치했지요.

하지만 1970년대에 쿼크 모형이 확립되자 중간자는 소립자가 아닌 복합입자라는 사실이 밝혀졌습니다. 또한 핵력 역시 기본적인 상호작용이 아니라 양성자나 중성자를 형성하는 강한 상호작용에서 비롯된 잔여력으로 받아들여지게 되었습니다.

● 고시바 마사토시 박사
(출처: 수상 관저 홈페이지)

● 가지타 다카아키 박사
(출처: 일본 학술회의 홈페이지)

● 유카와 히데키 박사

전기적인 성질이 정반대인 반입자의 발견

―― 쌍소멸과 쌍생성

쿼크, 렙톤, 게이지 입자 등의 소립자에는 '무게는 완전히 동일한데 전기적인 성질이 완전히 정반대'인 닮은꼴이 존재합니다. 이 닮은꼴들을 각 소립자의 '**반입자**'라고 부릅니다.

● 반입자의 종류

1928년, 영국의 젊은 이론물리학자인 **폴 디랙**은 양자론과 상대성 이론을 융합시킨 이론을 만들어 냈습니다.

그리고 자신의 이론을 토대로 질량은 전자와 동일하며 전하가 반대인 입자 '**반전자**(보통은 **양전자**라고 불린다)'의 존재를 예언했습니다.

수식 안에 나타난 반전자의 존재는 디랙 자신도 반신반의했지만 이후에 실제로 발견되었지요. 그 이후로 이처럼 전하가 반대인 입자에는 '반입자'라는 이름이 붙었고, 다양한 소립자에 존재한다는 사실이 발견되었습니다.

● **폴 디랙**(1902~1984): 양자역학·양자전자기학 분야에서 많은 공헌을 해 1933년에 노벨 물리학상을 수상했다.

반입자의 이름은 기본적으로 소립자의 이름 앞에 '반'을 붙이기만 하면 됩니다. 예를 들어, 양전기를 가진 위 쿼크의 반입자는 음전기를 가진 반위 쿼크, 음전기를 가진 아래 쿼크의 반입자는 양전기를 가진 반아래 쿼크, 음전기를 가진 전자의 반입자는 양전기를 가진 반전자(양전자라고도 한다), 이런 식입니다.

모든 페르미 입자는 반입자를 갖고 있습니다. 하지만 게이지 입자 중에서 포톤(광자), 글루온, 힉스 입자에는 반입자가 없습니다. 입자와 반입자가 동일한 것이지요.

예외는 위크 보손입니다. 위크 보손에는 양전하를 지닌 W^+입자, 음전하를 지닌 W^-입자, 전하를 지니지 않은 Z입자의 3종류가 있는데, W^+입자의 반입자는 W^-입자가 됩니다. 반면에 Z입자의 반입자는 Z입자 자신입니다.

● **반입자의 성질**

반입자의 성질은 일반적인 입자와 동일합니다. 일반적인 입자와 마찬가지로 달라붙거나 떨어질 수 있지요.

위+위+아래로 양성자가 만들어지듯이 반위+반위+반아래로 반양성자가 만들어집니다. 양성자와 전자로 수소 원자가 만들어지듯이 반양성자와 반전자로 반수소 원자가 만들어지지요.

즉, **입자로 구성된 세계처럼 반입자 역시 세계를 구성할 수 있는** 것입니다. 입자로 이루어진 물질에 대해 반입자로 이루어진 물질은 '**반물질**'이라고 불립니다.

이러한 입자와 반입자가 만나면 에너지를 내뿜으며 사라지는 '**쌍소멸**'이라는 현상이 일어납니다.

반대로 충분한 에너지가 있다면 그 에너지에 걸맞은 입자와 반입자의 한 쌍이 생성되지요. 이 현상을 '**쌍생성**'이라고 합니다.

ⓐ **쌍소멸**

전자와 그 반입자인 반전자(양전자)가 충돌하면 **쌍소멸**을 일으키며 사라져 버립니다. **두 입자가 가지고 있던 에너지의 합이 빛이나 다른 형태로 방출되는** 것이지요.

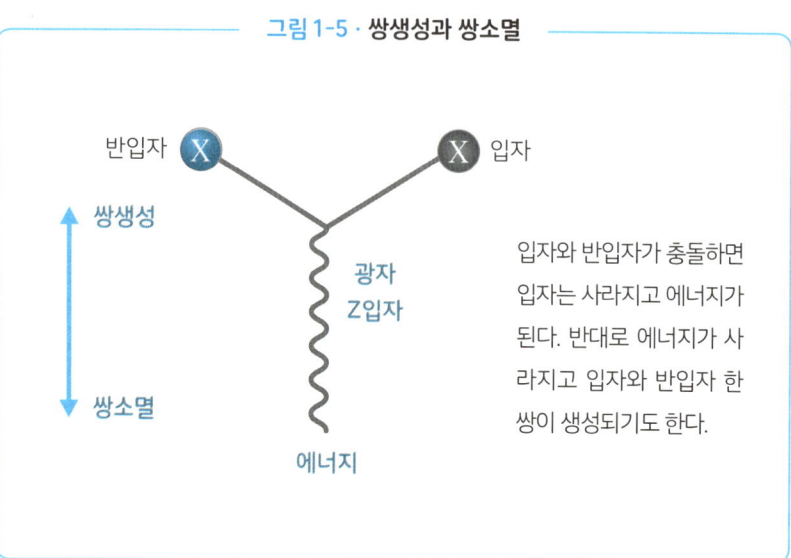

이때의 에너지는 무척이나 큰데, 아인슈타인의 공식 '$E=mc^2$'에서 나타나는 에너지가 100% 발생합니다.

같은 무게의 물질이 실제 반응에 의해 어느 정도의 에너지를 발생하는지를 비교한 데이터가 있습니다.

그 데이터에 따르면 화력발전소에서 석탄의 연소 에너지를 1이라고 본다면 '원자로'에서 우라늄의 핵분열 에너지는 250만 배, '태양'에서 수소의 핵융합 에너지는 2000만 배가 됩니다.

그에 비해 쌍소멸의 에너지는 30억 배에 달합니다. 얼마나 큰 에너지인지 알 수 있지요.

ⓑ **쌍생성**

반대로 큰 에너지가 있으면 거기에서 입자와 반입자가 동시에 생겨나는 경우가 있습니다. 이를 **쌍생성**이라고 합니다. 아무것도 없는 곳에 대량의 에너지를 지닌 빛(광자)이 내리쬐면 빛이 사라지면서 입자와 반입자의 한 쌍이 생겨나는 것이지요.

그렇게 탄생한 입자와 반입자이므로 우주가 생겨난 직후에는 입자와 반입자가 동일한 수만큼 존재했을 겁니다. 그런데 현재 우리 주변에는 어째서인지 입자만이 존재하고 있습니다.

이는 어떤 원인을 알 수 없는 힘이 작용한 결과겠으나, 그렇다 하더라도 당초의 입자와 반입자의 개수 차이는 10억 개당 2개 정도밖에 되지 않았을 것이라 추정됩니다.

즉, 쌍소멸 이후로 살아남은 2개의 입자가 현재의 우주를 이루었다는 말이겠지요. 태초의 우주는 상상조차 하기 힘든 극적인 세계였다고밖에는 더 이상 표현할 길이 없습니다.

표준 모형의 부족한 부분을 보충하는 각종 소립자론

───── 대통일 이론 · 초대칭성 이론 · 초끈 이론

수도 많고 종류도 다양한 소립자를 통일적으로 정리·이해하는 것은 우주에 대한 이해로 이어집니다.

1-4 단원에서는 그러한 이론 중 하나로서 소립자의 표준 모형을 살펴보았지만 표준 모형에도 부족한 점은 있습니다. 그 부분을 보완해 한층 완성된 이론을 만들려는 시도가 진행되고 있지요.

● **대통일 이론과 초대통일 이론**
자연계는 4개의 기본적인 힘(전자기력, 약한 상호작용, 강한 상호작용, 중력)**으로 표현됩니다.** 하지만 태초의 우주에 존재했던 힘은 단 하나뿐이었으며 이후 4개로 나뉘었다고 생각됩니다. 따라서 이 4개의 힘을 하나의 형태로 나타내 통일하려는 몇 가지 이론이 제시되었습니다. '**대통일 이론(GUT)**'은 그중 하나입니다.

GUT(Grand Unified Theory)는 이 4개의 힘 중 **중력을 제외한 3개를 하나의 형태로 통일하려 한 이론**입니다. 아직 연구 중인 이론으로 완성은 되지 않았습니다.

참고로 중력까지 통일하는 이론은 '**초대통일 이론**', 혹은 '**만물의 이론**'이라고 합니다.

● 물질과 힘을 통일하는 '초대칭성 이론'

소립자에 작용하는 기본적인 4개의 힘을 하나의 틀로 설명하기 위해 고안된 최신 이론이 바로 '**초대칭성 이론**'입니다.

이미 전자기력과 약한 힘은 **전약 통일 이론**에 의해 통합적으로 설명되었고, 또한 '대통일 이론'은 강한 힘, 전자기력, 약한 힘을 하나로 묶을 수 있다는 가능성을 제시한 바 있습니다.

하지만 이 이론들은 아직 중력까지 포함시킨 최종적인 힘의 통일 이론이 되지는 못했습니다. 아인슈타인의 일반 상대성 이론은 거시 세계의 중력에 대해서는 매우 높은 정밀도로 검증된 이론이지만, 이를 미시 세계에 적용시키려 하자 이론이 무한대로 발산하고 만다는 곤란한 상황이 펼쳐졌지요.

최근 고안된 '초대칭성 이론'은 물질 입자로서의 페르미 입자와 힘을 매개하는 보스 입자(보손)를 통일적으로 설명하는 이론으로, 물질과 힘을 한데 아우르는 이론입니다.

● 초끈이론

'**초끈이론**'은 이러한 초대칭성을 바탕으로 4개의 힘을 모두 일체화하려는 획기적인 이론입니다. 이 이론에 따르면 모든 소립자는 '초끈'의 진동으로 표현됩니다.

'초끈'은 길이가 10^{-33}cm인 극도로 작은 존재로, 오늘날의 기술로는 점으로밖에 보이지 않습니다. 하지만 초창기 우주의 고온·고압 상태에서는 초끈이 지배적인 역할을 하고 있었다고 생각되므로, 초끈이론은 우주론에도 큰 충격을 남겼습니다.

제 2 장

극소의 세계로 - 양자론의 새벽

현대 물리학의 양대 이론의 탄생

—— 상대성 이론과 양자론

뉴턴이 저서 『프린키피아(The Principia)』를 통해 역학의 체계를 저술한 것은 1687년의 일입니다. 이후로 약 200년 동안, 우주에서 일어나는 모든 역학적 사실은 이 **뉴턴 역학**이 남김없이 설명해주었습니다.

뉴턴 역학을 거스르는 현상은 물론이거니와 조금이라도 설명이 곤란한 어떠한 현상도 발견되지 않았습니다. 물리학의 세계는 평온했지요.

● **뉴턴 역학으로는 해명할 수 없는 '검은 구름'**

그런데 19세기도 말엽에 접어들어 관측기기의 정밀도가 높아지고 관측기술이 향상되자 뉴턴 역학으로는 설명하기 곤란한 현상이 발견되기 시작했습니다.

당시 물리학계의 모습을 '이론이 지닌 아름다움과 간결함이 2개의 어두운 구름에 의해 손상되고 있다'라고 비유한 물리학자가 있었습니다.

● **아이작 뉴턴**(1642~1727): 잉글랜드의 수학자이자 물리학자. '만유인력의 법칙'을 발견했으며, 이 법칙은 역학 분야에서 오랫동안 중핵적인 역할을 맡았다. 수학 분야에서는 미적분법을 발명했다. 참고로 『프린키피아』는 『자연 철학의 수학적 원리』를 지칭한다.

그러자 이 '어두운 구름'은 점차 성장해나갔고, 이윽고 물리학계 전체를 뒤덮어버렸지요. 이 '어두운 구름'의 정체는 **상대성 이론**과 **양자론**입니다.

● 상대성 이론의 세계는 우주 공간

혜성처럼 갑자기 나타난 것은 **아인슈타인**의 '**특수 상대성 이론**'으로, 1905년의 일입니다.

그리고 1915년에 아인슈타인은 특수 상대성 이론을 발전·일반화시킨 '**일반 상대성 이론**'을 발표했고, 상대성 이론은 완성되었지요.

'**광속은 항상 일정하다**'라는 사실을 하나의 전제로 삼아 발전하는 아인슈타인의 이론을 이해할 수 있는 사람은 당시 많지 않았다고 합니다.

하지만 그가 상대성 이론에 따라서 예언한 천문 현상이 실제로 발견되자 사람들은 이해가 가능하든 불가능하든 그의 이론에 따르지 않을 수 없었습니다.

● **알베르트 아인슈타인**(1879~1955): 1921년, 광양자 가설에 근거해 광전 효과를 이론적으로 해명해 노벨물리학상을 수상했다. 이후 '20세기 최고의 물리학자'라고 칭해진다.

광속이라는 터무니없는 빠른 속도를 상대로 하는 상대성 이론은 그 연구 대상을 거대하며 광대한 우주로 확장시켰습니다. 별의 움직임, 성간을 비행하는 빛의 현상, 그곳을 이동하는 인간의 로켓. 그처럼 끝없는 우주 공간이 상대성 이론의 무대가 되었지요.

● 보어의 머릿속에서 태어난 양자론

그런데 당시, 과학자가 연구한 것은 우주뿐만이 아니었습니다. 거대한 우주의 정반대, 극소의 세계를 연구하는 과학자도 있었던 것이지요. 그들 역시 뉴턴 역학으로는 해석이 불가능한 현상 앞에서 골머리를 앓고 있었습니다.

그 문제란 바로 원자의 구조였습니다. 당시 원자는 '음전하를 가진 전자'와 '양전하를 가진 무언가'로 이루어져 있으리라는 것까지는 밝혀져 있었지만, 그 '무언가'가 무엇인지, 전자와 무언가가 어떻게 짜 맞추어져서 원자를 이루는지에 대해서는 전혀 밝혀진 바가 없었습니다.

어떤 과학자는 그 '무언가'란 '양전하를 지닌 전자 같은 것'으로, 음전하 전자와 양전하 전자가 뒤섞여 원자를 구성한다고 생각했습니다.

또 어떤 과학자는 원자의 중심에는 +Z의 전하를 지닌 입자가 있고, 그 주변에 Z개의 -1의 전하를 지닌 입자가 돌고 있다고 생각했지요.

이러한 논의 속에서 희미하게 첫 울음소리를 낸 것이 이후 상대성 이론과 나란히 현대의 양대 이론이라 불리는 '**양자론**'입니다.

많은 물리학자가 시행착오를 겪은 결과, 양자론 최초의 형태가 1913년에 덴마크의 이론물리학자 **닐스 보어**의 머릿속에서 번뜩 떠올랐습니다. 이는 '$mvr = n\dfrac{h}{2\pi}$' 등의 많은 가정을 포함하는 조건식이었지요.

● **닐스 보어**(1885~1962): '원자의 구조와 원자에서 방출되는 복사선의 연구'로 1922년에 노벨물리학상을 수상했다. 20세기 초의 물리학에 수많은 공헌을 해 아인슈타인과 쌍벽을 이룬다.

이는 머릿속에서 번뜩인 수식이었기에 '어째서 그렇게 되는 거지?'라고 물어본들 대답할 방도가 없었습니다. 단지 '이러면 실험 결과와 잘 들어맞기 때문이다'라고 말할 수밖에요.

과학은 실험이 전부입니다. 실험만이 올바른 사실이지요. 이론은 실험을 설명하기 위해 이후에 덧붙인 편의적인 것입니다. 이론은 '실험과 합치되기 때문에 옳은 것'이지, '합치되지 않는다면, 혹은 합치되지 않게 된다면 버려질' 뿐입니다.

상대성 이론 덕분에 뉴턴 역학도 버려지게 될 상황이었지만 다행히도 일상적인 역학 현상뿐이라면 뉴턴 역학으로 충분히 설명할 수 있고, 그 편이 더 간단했기 때문에 지금도 사용하고 있는 것이지요.

아무튼 양자역학은 희미한 울음소리와 함께 탄생했지만 이후 **디랙***, **드 브로이****, **슈뢰딩거***** 등, 수많은 천재적 과학자들이 '가정교사'를 맡아준 덕분에 쑥쑥 자라나 지금의 '양자론'으로 성장할 수 있었습니다.

양자 세계의 창문

연금술과 연금술사

'값싼 금속을 귀금속으로 바꾸겠다'라며 되도 않는 말로 사람들을 속인 사기꾼. 연금술사를 그렇게 생각하는 사람도 많지 않을까요.

하지만 많은 연금술사들은 진지한 과학자이자 철학자였습니다. 그들은 연금술을 연구하고 인격을 연마하면 고결한 인간이 될 수 있다고 생각했습니다. 당시 과학과 윤리학은 한데 섞여 있었던 것이지요.

현대의 우리 역시 미분·적분 등의 수학을 어디에 쓰려고 배우는 걸까요. 엔지니어가 되겠다는 사람이라면 모를까, 사용하기 위해 배우는 것은 아닐 겁니다. 수학의 합리적인 사고방식이 우리의 삶을 바로잡아 주리라 생각해 배우는 것이지요.

근세의 유명한 과학자 중에도 연금술사는 있었습니다. 뉴턴이 연금술을 열렬히 연구했다는 사실은 널리 알려져 있습니다.

연금술사들이 꾸준하게 실험하고 연구하지 않았더라면 현대 과학은 여기까지 성장할 수 없었겠지요. 플라스크, 증류기구, 산과 알칼리 모두 그들이 연구해서 발견한 것입니다.

---

* **폴 디랙**: 38페이지 참조

** **루이 드 브로이**(1892~1987): 프랑스의 이론물리학자. 그가 주장한 '물질파'는 이후 슈뢰딩거에 의해 파동 방정식으로서 양자역학의 기반이 되었다. 물질파에 대해서는 2-4 단원에서 자세히 설명하겠다. 63페이지 참조.

*** **에르빈 슈뢰딩거**(1887~1961): 오스트리아 출신의 이론물리학자. 파동역학·슈뢰딩거 방정식·'슈뢰딩거의 고양이'를 주장하는 등, 양자역학의 발전에 기여했다. 1933년에 폴 디랙과 함께 노벨물리학상을 수상했다.

양자론에서 말하는 양자란 무엇일까?

―― 양자 · 양자화 · 양자수

나중에 알게 되겠지만, 분자, 원자, 전자, 소립자 등에 대해 알아볼 때면 **'물체(물질)이란 무엇일까?'**라는 질문이 등장합니다. 물체란 무엇일까요?

손바닥으로 박수를 치면 소리가 납니다. 손은 틀림없는 물체, 물질입니다. 그렇다면 손에서 생겨나는 소리는 무엇일까요? 물체일까요? 아니면 물체 이외의 '무언가'일까요?

싸구려 철학 놀음을 하려는 건 아니지만, 양자론을 다루다 보면 이러한 근원적 문제와 대면하게 되는 경우가 곧잘 있습니다.

'물체란 무엇일까?'라는 숭고한 질문에 대한 숭고한 대답은 철학 등의 분야에 맡겨두기로 하고, 과학자의 입장에서는 일단 **'물체란, 유한한 질량과 유한한 부피를 지닌 것'**이라 정의해두겠습니다.

하지만 이 대답이 부정법으로 회피한 대답임은 고백하지 않을 수 없습니다. 유령, 영혼, 정신, 사고 등, 현대 과학의 범주를 넘어서는 '것'들을 그저 회피했을 뿐이지요.

● 양자란? 양자의 '자'가 의미하는 것은?

양자론의 중심을 이루는 사고방식은 물론 '**양자**'입니다. 이 책을 구입해주신 여러분의 몇 십 퍼센트는 이 책에서 '양자란 무엇인가?'라는 질문의 대답을 찾고 있지는 않을까 생각됩니다.

'분자', '핵자', '전자', '양성자', '중성자', '중간자', '소립자.' 현대 과학에서 사용되는 용어 중에는 '자'가 붙는 것이 무척 많습니다.

그렇다면 '자'란 무엇을 의미하는 걸까요? 그 대답은 현 단계에서는 이해하지 못하는 분도 많이 있겠지만, 일단은 '**에너지의 단위량**'이라고 정의해두겠습니다.

분자, 원자 등은 확실히 부피(분자 구조, 원자 반지름 등)와 질량(중량, 분자량, 원자량)을 갖고 있습니다. 하지만 소립자에 이르면 이는 의심스러워집니다.

그런 점은 제쳐두고, 지금은 '양자란 에너지의 단위량'이라 해둡시다. 즉, 원자나 전자처럼 구체적인 이미지가 있는 것은 아니지만, 어떤 '**일정량의 에너지가 덩어리(단위)처럼 행동하는 무언가**'라는 뜻입니다.

물론, 분자, 원자, 전자, 양성자 등이 이 정의에 들어맞는 무언가라는 사실은 새삼 설명할 필요도 없겠지요.

● 다양한 것들이 양자성을 띤다

그렇다면 어떠한 것이 양자이며, 어떠한 것이 양자가 될 수 있을까요? 해답은 간단합니다. '다양한 것들이 양자가 될 수 있다'입니다.

산문적으로 설명해봐야 이해하기 어렵겠지요. 현실과는 동떨어져 있긴 하지만, 예를 들어 설명해보겠습니다.

ⓐ 양자와 양자화

양자에 대해서는 다음과 같은 비유로 생각해보면 이해하기 쉬울 겁니다. 수도꼭지에서 흘러나오는 물은 '연속량'입니다. 200mL든 10L든, 어떤 양이라도 자유롭게 퍼낼 수 있지요.

하지만 자동판매기에서 팔고 있는 물은 한 병 단위입니다. 가령 한 병이 500mL일 경우, 0.9L만 갖고 싶다 하더라도 두 병을 사야 하고, 1.01L가 필요하다면 세 병을 사야만 합니다.

그림 2-2-1 · '양자화'란

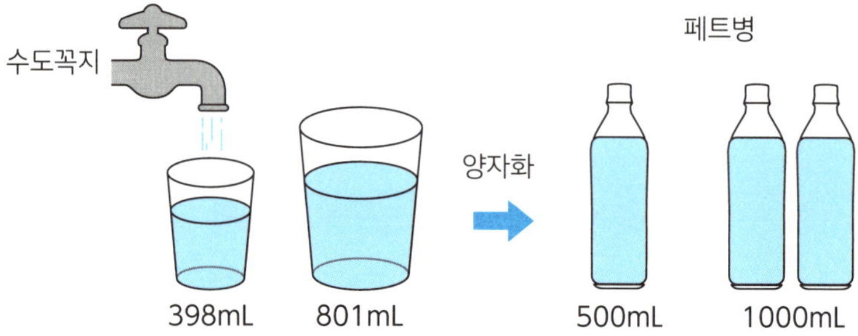

이처럼 중간값이 없고 띄엄띄엄 떨어져 있는 양, 개별적으로 셀 수 있는 양을 '**이산량**'이라고 합니다. 그리고 이러한 방식으로 표현되는 것을 '**양자화**'라고 합니다. 즉, 자동판매기의 물은 연속적으로 흐르는 물에서 분리되어 양자화된 것이지요.

ⓑ 양자수

자동차의 속도로 생각해봅시다. 일상 세계에서 운전하고 있을 경우라면 연속적인 흐름의 어떠한 속도라도 낼 수 있습니다. 하지만 양자화된 세계에서는 다릅니다.

여기서는 예를 들어 속도 v가 30km/h 단위로 양자화되어 있다고 가정해보겠습니다.

$v = 30n \,\text{km/h}$ (n은 0을 포함하는 양의 정수)

즉, 멈추어 있는 자동차($n=0$ 상태)는 움직이기 시작한 순간에 30km/h($n=1$ 상태)가 되고, 조금 더 속도를 높이자고 생각하면 60km/h($n=2$ 상태)가 되며, 다른 차를 추월하기 위해 속도를 높이자고 생각하면 제한 속도를 뛰어넘은 90km/h($n=3$ 상태)가 되

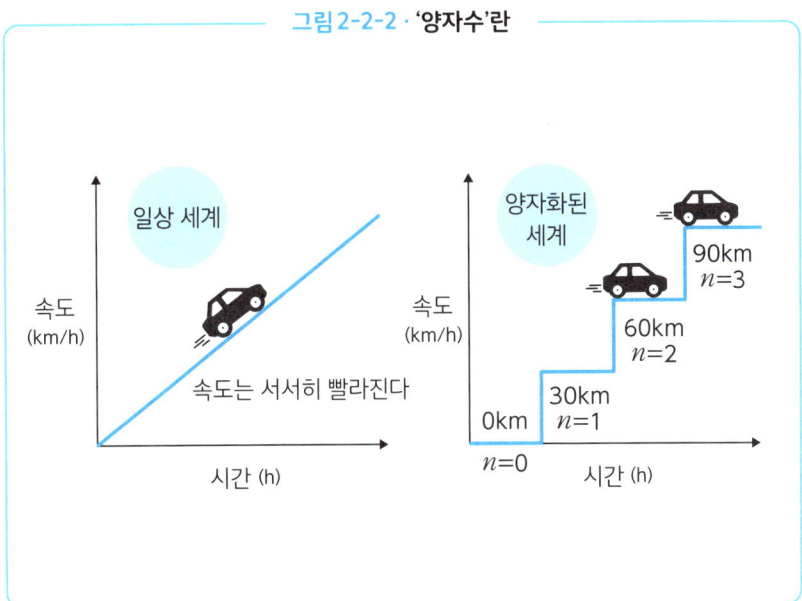

그림 2-2-2 · '양자수'란

어 순찰차와의 추격전이 벌어지고 맙니다.

이것이 바로 '양자화'입니다. 즉, 자동차의 속도는 n을 정수로 해 $n \times 30$km/h로 규정되어 있는 셈입니다.

이때의 정수 n을 '**양자수**'라고 부릅니다.

ⓒ 양자수의 종류

우리가 쓰는 동전이나 지폐 역시 양자화되어 있습니다. 작은 단위는 1원 단위, 즉 $n_1 \times 1$원, 그 위는 10원 단위, 즉 $n_{10} \times 10$원, 그리고 $n_{100} \times 100$원, $n_{1000} \times 1000$원, $n_{10000} \times 10000$원이라는 식으로 단위가 올라갑니다.

이 경우는 n_1, n_{10}, n_{100}, n_{1000}, n_{10000} 등을 모두 양자수라고 생각할 수 있습니다. 즉, 돈의 경우에도 다양한 종류의 양자수가 존재하는 것이지요.

다만 자연 현상 안에서 이러한 '양자'가 명확한 형태로 나타나는 경우는 광자, 전자, 원자, 분자와 같은 매우 미세한 미립자의 세계에서만입니다.

ⓓ 공간의 양자화

이후 연구가 진행되면서 '양자'라는 단위량이 존재하는 것은 부피나 에너지 등의 수치뿐만이 아니라 **'각도'와 같은 공간까지 양자화되어 있다**는 사실이 밝혀졌습니다.

각도의 양자화라고 하면 이해하기 어려울 수 있지만, 팽이의 운동으로 생각해보면 어렵지 않을 겁니다. 돌고 있는 팽이가 회전 속도를 잃고 멈추려 할 때 축이 기울어지면서 세차운동을 하는, 즉 원을 그리며 흔들리는 상태가 됩니다.

이때 축의 각도 θ(시타)는 우리 사회에서는 0도에서 90도까지 연속적으로 변화합니다. 하지만 양자화된 세계에서의 각도는 15도, 30도, 45도라는 식으로 띄엄띄엄 떨어진 값 외에는 허용되지 않는다는 뜻입니다.

이러한 사고방식은 이후에 밝혀지는 **'궤도(전자 구름)의 형태'**로서 시각화됩니다.

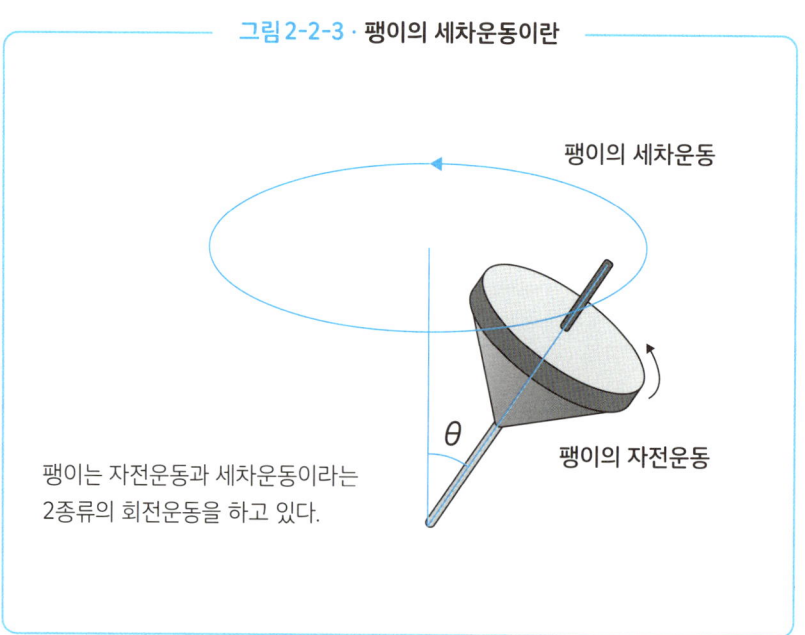

그림 2-2-3 · 팽이의 세차운동이란

팽이는 자전운동과 세차운동이라는 2종류의 회전운동을 하고 있다.

양자 세계의 창문

완만한 변화와 극적인 변화

양자화된 세계에서 변화는 양자수 n의 지배를 받습니다. $n=1$의 세계와 $n=2$인 세계는 전혀 다릅니다. 즉, n이 1에서 2로 변화하면 세계가 격변하는 것이지요.

반면, 우리가 살아가는 세계에서는 계절의 변화를 보면 알 수 있듯이 변화가 완만하게 일어납니다.

그렇게 생각하기 쉽지만 과연 정말 그럴까요?

물이 얼음이 되는 변화는 격변입니다. 물과 얼음의 중간 상태는 존재하지 않지요. 뜨거운 물이 수증기로 변하는 변화 역시 극적입니다.

생명이 꺼지는 순간도 격변이지요. 반쯤 죽은 상태란 문학상의 비유일 뿐, 실제로는 존재하지 않습니다.

자연계에서는 완만한 변화와 극적인 변화가 공존한다는 뜻이지요.

빛의 정체는 입자일까? 파동일까?

—— 안개상자·광전관 실험

근대 과학에서 가장 큰 문제는 빛의 정체였습니다. 오랫동안 빛은 파동이라고 생각되어왔습니다. 그런데 근대에 이르러 과학기술이 발전하자 '**빛을 단순히 파동이라 해도 되는가?**'라는 의문이 솟아나기 시작했지요.

'빛은 입자라고 생각하는 편이 낫지 않겠는가?'라는 의문입니다. 이 의문을 들이민 것은 안개상자를 이용한 실험과 광전관을 이용한 실험이었습니다.

● **빛의 입자성을 밝혀낸 '안개상자 실험'**

당시, 빛과 비슷한 처지에 놓여 있던 존재는 전자였습니다. 전자는 입자인가? 그렇지 않으면 파동인가? 라는 물음이었지요.

이 문제를 시원하게 해결해준 것이 바로 안개상자라는 간단한 장치를 이용한 실험입니다.

안개상자는 진공 상태의 상자 안에 크기가 균일한 작은 알갱이의 안개를 발생시키는 장치입니다. 안개 입자는 중력에 따라 낙하합니다. 안개 입자의 크기가 균일하므로 그 낙하 속도는 거의 동일하게 V입니다.

이 상태의 안개상자에 전기를 흘려보냅니다. 그러면 안개 입자의 낙하 속도에 변화와 차이가 나타납니다.

아무런 변화도 없이 속도 V의 상태 그대로 낙하하는 입자. 명백하게 빨라진 속도

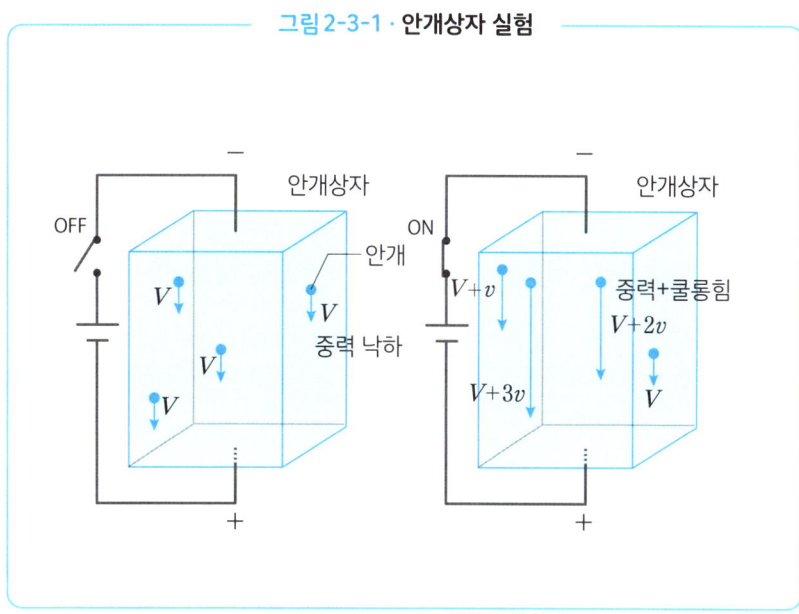

그림 2-3-1 · 안개상자 실험

$V+v$의 입자. 그보다 2배 빨라진 속도 $V+2v$의 입자. 3배 빨라진 속도 $V+3v$의 입자 등이지요.

이 변화는 안개 입자에 전자가 부착된 결과로 보입니다. 게다가 낙하 속도의 변화량이 v, $2v$, $3v$ 등, v의 정수배를 이룬다는 사실은, 부착된 전자가 '1개, 2개, 3개'라는 식으로 셀 수 있는 입자임을 나타내고 있지요.

즉, '전자는 1개, 2개라는 식으로 셀 수 있는 것, 다시 말해 입자다'라는 뜻입니다.

● 빛의 파동성을 밝혀낸 '광전관 실험'

광전관은 진공관의 일종으로, 음극에 빛을 쪼이면 그 에너지를 건네받은 전자가 음극에서 튀어나오고, 튀어나온 전자가 양극에 도달함에 따라 전류가 흐르게 되는 장치입니다.

전류의 양 I는 튀어나온 전자의 개수에 비례한다는 사실이 밝혀진 바 있습니다.

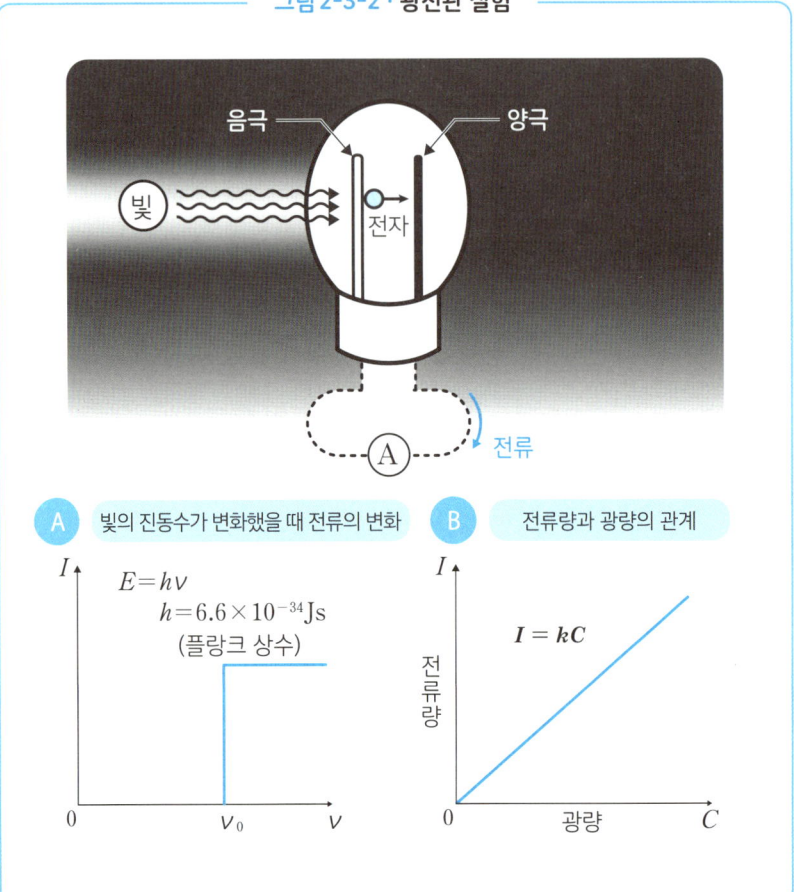

그림 2-3-2 · 광전관 실험

ⓐ 진동수

그림2-3-2의 그래프 A는 빛의 진동수 v가 변화할 때 전류량 I이 어떻게 변하는지를 보여줍니다. 빛은 파동이므로 진동수에 비례한 에너지 E를 갖습니다.

$$E = hv \quad (h\text{는 비례상수: } \textbf{플랑크 상수})$$

진동수가 일정 수 v_0 이하일 경우에 전류는 흐르지 않습니다. 진동수가 v_0에 도달하면 비로소 전자가 튀어나와 전류 I가 흐르기 시작하지요.

이는 광전관에서 전자가 튀어나오려면 일정량 E_0 이상의 에너지가 필요함을 나타내고 있으며, 그 에너지는 $E_0 = h\nu_0$임을 의미합니다. 이는 **빛이 파동성을 갖는다**는 사실과 일치합니다.

그러나 진동수가 ν_0보다 높아지더라도 전류의 양은 변화하지 않습니다. 이는 **빛의 에너지와 튀어나오는 전자의 개수 사이에는 아무런 관계가 없음**을 나타내고 있습니다.

ⓑ **광량**

그림2-3-2의 그래프 B는 전류량 I과 광량 C 사이의 관계를 나타낸 것입니다. 이 그래프는 **전류량이 광량 C에 비례함**을 나타내고 있습니다.

즉, 광량이 늘어나면 튀어나오는 전자의 개수가 늘어남을 보여주는 것이지요.

이는 빛이 입자이며, 그 입자가 전자와 1:1로 충돌함에 따라 에너지를 전달하고 있음을 나타내는 현상입니다. 즉, 이 결과는 **빛이 전자와 마찬가지로 입자**임을 나타내고 있습니다.

● **빛은 쥐인가, 제비인가**

위의 두 가지 실험 결과는 **빛은 파동성과 입자성 모두를 갖고 있다**는 사실을 나타내고 있습니다.

이건 어찌 된 영문일까요?

빛을 박쥐로 비유해봅시다. 박쥐는 쥐처럼 새끼를 낳고, 제비처럼 하늘을 날아다닙니다. 그렇다 해서 '박쥐는 쥐인가? 제비인가?'라고 묻는 사람은 아무도 없겠지요. 박쥐는 박쥐니까요.

하지만 새끼를 낳는다는 사실에 관해서는 '쥐처럼 새끼를 낳는다'라고 설명하면 이해하기 쉽습니다. 한편으로 하늘을 난다는 사실에 관해서는 '제비처럼 하늘을 난다'

라고 말하면 이해하기 쉽지요.

　즉, '박쥐는 쥐 같은 성질과 제비 같은 성질을 모두 갖추고 있을' 뿐입니다.

　이와 완전히 마찬가지로 '빛은 파동 같은 성질과 입자 같은 성질을 모두 갖추고 있을' 뿐이지요. 그리스 신화에 등장하는 괴수 키메라처럼 '정체를 알 수 없는 무언가'라고 생각할 필요는 없습니다.

 물질은 입자이기도 하며 파동이기도 하다

―― 물질파

빛과 전자는 입자성과 동시에 파동성을 갖는다는 사실이 밝혀졌습니다. 전자가 파동성을 갖고 있다면 전자로 이루어진 원자 역시 파동성을 띠어야만 이치에 맞습니다. 그렇다면 원자로 이루어진 분자도 파동성을 띠겠지요.

이런 식으로 나아가다 보면 우리 주변의 물체, 나아가 우리 자신도 파동성을 띠고 있을 것이 분명합니다. 아니, 띠지 않으면 곤란합니다.

● **물질과 파동성의 관계**

앞서 언급되었던 **루이 드 브로이**(49페이지)는 물질과 파동성의 관계를 연구해 '**물질파**'라는 개념을 주장했습니다.

그의 주장에 따르면 물질은 그 크기와 무관하게 모두 파동성을 띠고 있으며, 그 파장 λ(람다)는 **드 브로이 공식**이라 불리는 다음의 식으로 나타나게 됩니다.

$$\lambda = \frac{h}{mv}$$ (h: 비례상수 〈**플랑크 상수**〉, m: 질량, v: 속도)

이 공식에 따르면 **물질의 파동성을 나타내는 파장 λ와 입자성을 나타내는 운동량 mv는 반비례하는 관계에 있다**는 말이 됩니다.

즉, 그림2-4에서 보이는 바와 같이 질량 m이 작고 속도 v가 빠른 물체는 파동성이

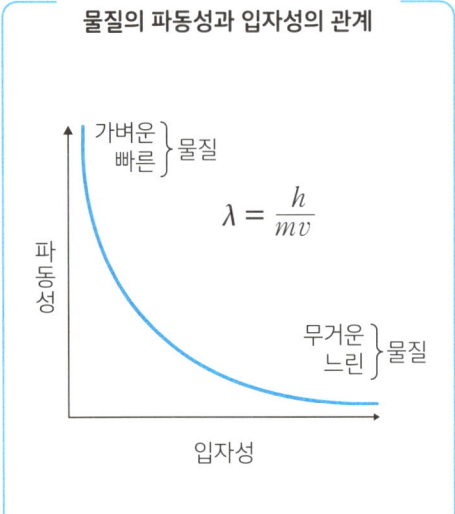

그림 2-4 ·
물질의 파동성과 입자성의 관계

$$\lambda = \frac{h}{mv}$$

● 루이 드 브로이: 49, 63페이지 참조

크고, 반대로 질량이 크고 속도가 느린 물체는 입자성이 크다는 것을 의미합니다. 원자나 분자는 전자이며, 일상 세계의 물질은 후자인 셈이지요.

● **인간의 파동성은 어떠한가**

드 브로이 공식에 실제 수치를 대입해서 생각해봅시다.

체중 66kg인 사람이 초속 1m로 걸을 때 파장을 계산해보겠습니다. h는 비례상수로 6.6×10^{-34}입니다. m은 66, v는 1입니다.

$$\lambda = \frac{6.6 \times 10^{-34}}{(66 \times 1)} = 1 \times 10^{-35} \mathrm{m}$$

이처럼 파장(λ)은 1×10^{-35}m가 됩니다. 이는 너무나도 짧은 파장으로, 파동이라 인식하기란 불가능합니다.

한편 전자의 질량은 약 10^{-30}kg입니다. 이것이 광속급의 속도인 초속 10만km = 10^8m로 이동했다고 가정하겠습니다.

$$\lambda = \frac{6.6 \times 10^{-34}}{(10^{-30} \times 10^8)} = 6.6 \times 10^{-12} \text{m}$$

이 경우 파장은 6.6×10^{-12}m로, 뢴트겐 촬영에 쓰이는 X선의 파장과 비슷한 수준입니다. 이 정도라면 충분히 파동으로서 인식할 수 있습니다.

이처럼 모든 물질은 입자성과 더불어 파동성을 갖고 있습니다. 단지 **일상 세계에서는 그 파장이 너무나도 짧기 때문에 파동으로서의 성질을 인식할 수 없는 것**뿐이지요.

양자 세계의 창문

루이 드 브로이

드 브로이는 명문 귀족 집안의 막내로 태어났습니다. 루이 14세에게 작위를 받은 브로이 가문의 7대손에 해당합니다.

물리학에 흥미를 가진 그는 1922년부터 이듬해에 걸쳐 입자에는 파동적인 성질이 있음을 주장하는 내용의 논문을 연달아 발표했습니다. 그 내용은 당시의 과학계에는 너무나도 충격적이었기에 드 브로이의 논문을 일소에 부치는 과학자도 있었지요.

하지만 그의 이론은 아인슈타인 등에게 지지를 받았고, 1927년에는 실험을 통해 올바르다는 사실이 증명되었습니다. 그 공적으로 1929년에 노벨물리학상을 수상했습니다.

그는 그의 명성에도 불구하고 겸허한 성격으로 평판이 높았던 모양입니다. 1962년에 대학에서 물러난 이후에도 연구를 하며 평온한 나날을 보내다 1987년에 95세의 나이로 천수를 마쳤습니다.

제3장

양자론적으로 보는 원자의 구조

3-1 원자 구조는 어떻게 해명되어 왔을까?

―― 고대 그리스부터 20세기 초까지

앞서 살펴봤듯이 원자는 소립자가 아닙니다. 하지만 원자의 중요한 부분 중 하나인 전자는 틀림없는 소립자이지요.

소립자는 세상을 구성하는 궁극적인 최후의 미립자이지만 '세상'과 '소립자'는 너무나도 동떨어져 있습니다. 세상과 소립자를 결부지어서 생각하려면 둘을 연결해주는 무언가를 끼워 넣는 편이 더 편리하고 이해하기 쉽겠지요.

그러한 존재로 안성맞춤인 것이 초등학교 과학수업 이후로 우리에게 친숙해진 원자, 분자입니다.

여기서는 원자를 상대로 양자론을 살펴보도록 하겠습니다.

고대 그리스에서는 다양한 설을 주장한 철인들이 있었는데, 그중에 **데모크리토스**를 중심으로 한 원자론자들이 있었습니다.

그들은 '세상은 무엇으로 이루어져 있는가'라는 문제를 논하며 세상은 '더 이상 쪼갤 수 없는 것'으로 이루어져 있다고 생각해 여기에 아톰(원자)이라는 이름을 붙였지요.

● **그리스 시대부터 이어져 온 원자론의 변천**

이 원자론자들이 최초로 원자를 생각해 냈을 거라 생각됩니다. 하지만 이 시대의 원자론은 사실이 뒷받침되지 않은, 그저 말뿐인 공론에 지나지 않았지요.

토론이라 해도 그저 상대방을 설복시키는 데에만 전념할 뿐, 증거를 제시해 자신의 설을 증명해야겠다는 것은 생각조차 하지 않았습니다.

그들에게 '숭고'한 것은 '생각하는 일'이지, '보거나', '만지작거리는' 행위는 중시되지 않았을 겁니다.

ⓐ 관념론의 시대

과학은 그 뒤로도 해이해지는 일 없이 계속해서 발전해나갔습니다. 과학의 암흑시대처럼 여겨지는 중세의 연금술 시대(13~17세기 전반)에도 과학은 착실

● 데모크리토스 (기원전 460~370년경)

하게 발전하며 이어서 찾아올 실험과 실증 과학의 토대를 쌓아나갔지요.

이윽고 산업혁명(18세기 중반~19세기 전반)을 지나, 과학이 융성하는 시대를 맞이했지만 원자라는 사고방식은 그리스 이후로 잊힌 상태였습니다.

고대 그리스 시대로부터 2500년, 많은 사람들이 많은 나라에서 '세상은 무엇으로 이루어져 있는가?'라는 의문의 답을 찾아 자문자답을 반복했습니다. 하지만 그들은 '자문자답을 반복했을 뿐'이었지요. 누구 하나 '자연에게 묻자', '자연을 관찰하자', '실험해보자'라고는 생각지 못했던 것입니다.

그 결과, 도출된 답은 관념적인 답뿐이었습니다.

고대로부터 유럽에서 믿어져온 '4원소설'[이 세상의 물질은 흙·물·공기(바람)·불의 네 가지 원소로 구성되어 있다고 보는 설]이나 불교의 '지수풍화' 등은 그나마 과학적인 편이었습니다. '천지인(天地人)'이나 '음양오행' 등, 적어도 과학적으로는 밑도 끝도 없는 설이 자못 그럴싸하다는 양 논해지기도 했지요.

ⓑ 정량과학의 대두

19세기 후반으로 접어들어 실험장치가 진화해 정밀해지고, 실험기술이 정교해지자 그전까지 정성(定性)적이었던 과학이 정량(定量)적으로 변모했습니다.

그러자 화학반응에 관여하는 물질의 무게 사이에 다양한 비례관계가 있음을 알게 되었고, **화학반응의 배후에는 뭔가 '헤아릴 수 있는 것'이 숨어 있지는 않을까** 하는 생각이 과학자들의 머리에 떠오르기 시작했지요.

이것이 근대 원자론의 탄생으로 이어졌습니다.

● **원자의 고전적 모형**

19세기 말로 접어들자 원자의 존재는 과학자들의 공통적인 개념으로 자리 잡고 있었습니다. 그리고 **원자 안에는 −1의 전하를 가진 전자가 몇 개 들어 있다**는 사실이 밝혀졌지요. 하지만 원자는 전하를 갖고 있지 않습니다. 전기적으로 중성입니다.

원자 안에 있는 몇 개(Z개라고 하겠습니다)의 전자가 가진 전하(전부 −Z)를 중화시켜서 중성으로 만들려면 원자 안에 +Z 전하가 있어야만 합니다. 즉, +Z 전하를 가진 '무언가' 혹은 **+1 전하를 가진 '무언가'가 Z개만큼 있어야만 한다**는 사실까지는 알게 되었습니다.

하지만 그 뒤로는 좀처럼 나아가지 못했지요. 그래서 몇 가지 공상적인 제안이 제시되었습니다.

ⓐ **플럼 푸딩 모형**

원자 모형을 최초로 제안한 것은 영국의 물리학자 **조지프 존 톰슨***으로, 1904년의 일입니다.

그는 양전하를 가진 액상의 물질(푸딩, 빵) 안에 음전하를 가진 전자(자두 조각, 건포도)가 흩뿌려져 있어서 전체적으로 전하의 중성이 유지된다는 모형을 제출했습니다.

이는 유럽의 과자인 플럼 푸딩과 닮았기 때문에 세계적으로는 '**플럼 푸딩 모형**'으로 불렸습니다. 하지만 우리에게는 플럼 푸딩이 그다

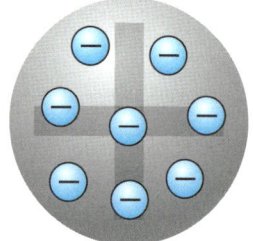

● **톰슨의 플럼 푸딩 모형**

* **조지프 존 톰슨**(1856~1940): 전자의 발견에 공헌해 1906년에 '기체의 전기전도에 관한 이론과 실험적 연구'로 노벨 물리학상을 수상했다.

지 일반적이지 않았기 때문에 **건포도빵 모형**이라 불렸다고 합니다. 언뜻 보아 비슷하다고도 하기 힘들 만큼 다른데, 아마 당시의 번역가들도 고생깨나 했을 겁니다.

ⓑ 러더퍼드 모형

1904년에는 일본의 **나가오카 한타로**** 모형도 발표되었지만 톰슨의 가설이 더 유력시되어 나가오카 모형은 주목받지 못했습니다.

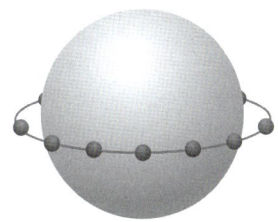
● 나가오카 한타로 모형

하지만 플럼 푸딩 모형으로는 실험 사실을 제대로 설명할 수 없었기에 이어서 1911년에 영국의 물리학자 **어니스트 러더퍼드***** 가 실험을 통해 발표한 것이 흔히 '**러더퍼드 모형**'이라 불리는 모형입니다.

이는 원자의 중심에 양전하를 지닌 커다란 입자가 존재하며, 그 주위를 토성의 고리처럼 전자가 돌고 있다는 내용이었기에 행성 모형이라는 이름으로도 불렸습니다.

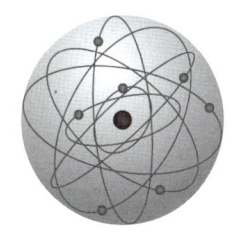
● 러더퍼드 모형

하지만 당시의 전자기학에 따르면 전하 입자의 주변을 전하 입자가 회전할 경우, 에너지가 방출되어서 회전하고 있던 전하 입자는 소용돌이를 그리듯이 중심에 자리한 입자 위로 낙하한다는 사실이 밝혀져 있었지요.

이래서야 원자는 생겨나자마자 소멸되고, 양과 음의 전하 입자가 중화되면서 생겨난 중성자가 되어 버리니 우주는 중성자별 혹은 블랙홀로 가득 차버리고 맙니다.

** **나가오카 한타로**(1865~1950): 수리물리학적 연구, 지진이나 지구물리학 연구에 종사했다. 이후 연구 대상은 원자 구조론으로까지 확장되어 토성형 원자 모형을 주장했다.

*** **어니스트 러더퍼드**(1871~1937): 실험물리학의 대가로, '원자물리학의 아버지'라고 불린다. 1908년, '원소의 붕괴와 방사성 물질의 성질에 관한 연구'로 노벨화학상을 수상했다.

방정식으로 도출된 원자 모형

―― 슈뢰딩거 방정식

원자는 원자핵과 이를 둘러싼 전자구름으로 이루어져 있습니다. 하지만 보통 원자와 원자핵은 구분해 생각하며, '원자 구조'에서 원자핵의 구조는 다루지 않습니다.

이 책에서도 원자핵의 구조는 다음 장에서 살펴보기로 하고, 본 단원에서는 전자구름의 구조만을 살펴보기로 하겠습니다.

● **보어 모형으로 실험 결과는 설명할 수 있었다**

앞 단원에서 보았던 상황 속에서 1913년에 제출된 것이 바로 닐스 보어의 양자 조건(**보어 모형**)이었습니다.

이는 질량 m의 전자가 원자핵 주변에 있는 반지름 r의 원주궤도(orbit)를 속도 v로 공전할 때, 그 각운동량 mvr은 $\dfrac{h}{2\pi}$의 정수(n)배로 제한된다는 내용이었지요.

$$mvr = n\dfrac{h}{2\pi}$$

이 제안을 통해 당시 관측되었던 실험 결과는 제대로 설명할 수 있었습니다.

하지만 '어째서 각운동량이 양자화되는 것인가?'라는 기본적인 문제에 대해서는 설명하지 못했습니다.

덧붙이자면 여기서 말하는 '궤도'란 열차가 달리는 레일과 같은 형태를 상정한 것

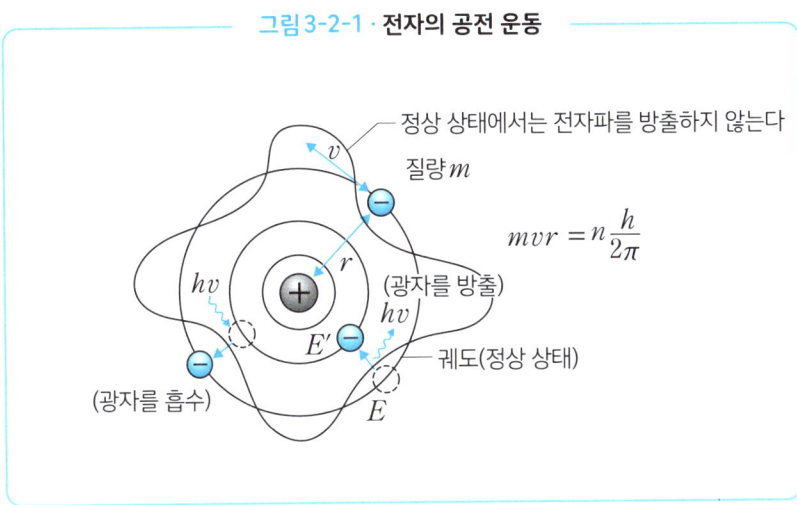

그림 3-2-1 · 전자의 공전 운동

입니다.

● 원자의 양자론적 모형

학회가 이러한 상태에 놓였을 때 연달아 발표된 것이 이후 양자론으로 통일되는 여러 이론이었습니다.

그중에서도 결정적이었던 것은 1926년에 **슈뢰딩거**가 발표한 **슈뢰딩거 방정식**입니다. 현재 우리가 갖고 있는 현대적인 원자 모형은 이 방정식으로 도출된 것입니다.

ⓐ 슈뢰딩거 방정식

슈뢰딩거 방정식은 에너지 E, **파동함수** ψ(프사이), **해밀턴 연산자**(해밀토니언) H로 이루어진 식으로, 일반적으로는

$$E\psi = H\psi$$

라는 간단한 형태로 나타납니다.

연산자란 수학적인 연산의 종류를 지정하는 기호로, 간단한 연산자로는 사칙연산을 나타내는 기호 '＋－×÷'나 미분 기호, 적분 기호 등이 있습니다. 물론 해밀턴 연산자는 이러한 연산자들에 비해 훨씬 복잡하기 때문에 슈뢰딩거 방정식을 풀기란 매우 어렵습니다.

● 에르빈 슈뢰딩거: 49페이지 참조

ⓑ **근사해**

게다가 대부분의 원자는 여러 개의 전자를 갖고 있습니다. 이처럼 서로에게 영향을 미치는 질점의 수가 3개 이상일 경우, 이러한 계(系)가 그리는 궤적은 구할 수 없다는 사실이 수학적으로 입증된 바 있습니다(삼체문제라고 합니다).

즉, 슈뢰딩거 방정식을 완전히, 그리고 정확하게 풀 수 있는 경우는 1개의 원자핵과 1개의 전자로 이루어진(2체계) 수소 원자뿐이라는 말이 됩니다.

이러한 이유로 수소 원자 이외의 다른 원자는 근사해(近似解, 방정식의 정확한 풀이에 가까운 풀이–옮긴이)로 만족할 수밖에 없습니다. 하지만 컴퓨터가 발달한 현재는 실용상 문제가 없는 수준의 근사해를 얻을 수 있게 되었습니다.

ⓒ **양자수**

슈뢰딩거 방정식을 풀어서 얻어지는 <u>파동함수 ψ</u>는 원자의 성질, 거동을 나타내는 <u>함수</u>지만, 방정식을 푸는 과정에서 특정한 '수'가 따라붙습니다.

이 수에는 '0을 제외한 양의 정수', '양의 정수', '양과 음의 정수', '±1/2' 등 다양한 제약이 따르는데, 이러한 수를 일반적으로 **양자수**(量子數)라고 부릅니다.

앞서 보았던 보어의 원자 구조에서 등장한, 각운동량인 $n\dfrac{h}{2\pi}$에서 'n' 또한 양자수의 일종입니다. **양자수는 원자의 성질을 지배하는 매우 중요한 '수'**인 것이지요.

그림 3-2-2 · 도구의 발달에 따른 근사해의 접근

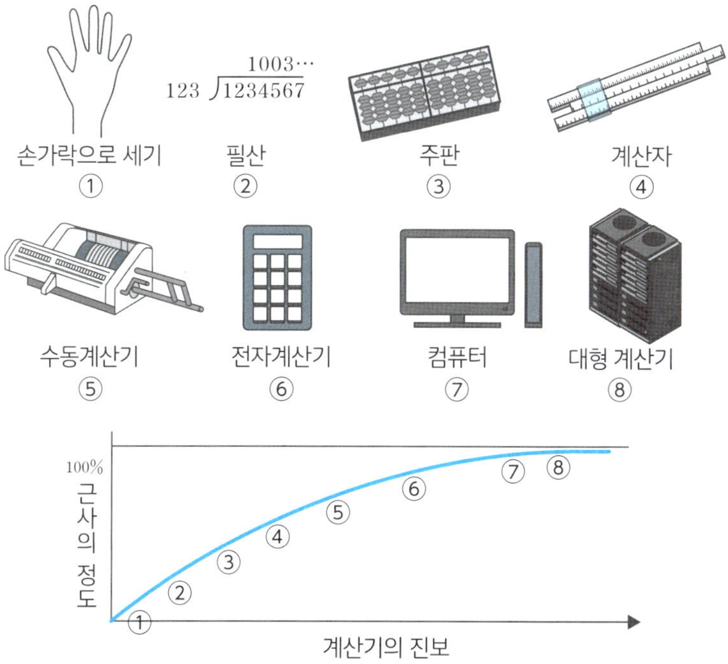

1003…
123 √1234567
손가락으로 세기
①
필산
②
주판
③
계산자
④
수동계산기
⑤
전자계산기
⑥
컴퓨터
⑦
대형 계산기
⑧
100%
근사의 정도
계산기의 진보

양자 세계의 창문

슈뢰딩거의 고양이

앞서 언급한 내용과 일부 중복되지만 양자론에서 중요한 대목이기에 슈뢰딩거의 이론에 대해서도 조금 자세히 살펴보도록 하겠습니다.

• 슈뢰딩거 방정식

양자론에서 극소 입자의 거동은 파동함수 ψ(프사이)라는 식으로 표현됩니다. ψ는 발명자의 이름에서 딴 슈뢰딩거 방정식이라 불리는 미분방정식($E\psi = H\psi$ E: 에너지, H: 해밀턴 연산자)을 통해 얻어을 수 있습니다.

즉, 문제로 삼는 입자가 처한 과학적 환경, 예를 들어 온도, 압력, 위치 정보 등을 슈뢰딩거 방정식에 넣습니다. 이 방정식을 풀면 입자의 상태가 파동함수 ψ로 나타나게 되는 것이지요. 요컨대 파동함수 ψ는 입자의 행동을 나타내는 함수, 이른바 입자의 대리자인 셈입니다.

다만, 골치 아픈 점은 실험을 통해 입자를 검출하려 하면 실체가 있는 입자로서 관찰되지만, 검출되기 전까지는 파동처럼 행동한다는 점입니다. 파동함수 ψ는 어떤 장소에서 그 입자가 검출될 '확률'을 나타내는 것입니다. 그리고 그 확률은 파동함수의 절댓값의 제곱 $|\psi|^2$에 비례한다고 해석됩니다.

이러한 상태에 대해 양자론자들은 상자를 열기 전 시점에서는 고양이의 상태는 '죽은 상태'와 '살아 있는 상태'가 중첩되어 있다고 표현합니다.

• 슈뢰딩거의 고양이

양자론에서는 '방정식을 풀어서 해답을 이끌어낸다'라는 수학적이고도 추상적인 문제와 더불어, 그 '해답이 의미하는 바를 구체적인 물리적 현상으로 해석한다'라는, 반쯤 철학적인 문제가 항상 따라다닙니다. 이러한 논의 속에서 등장한 것이 저 유명한 '슈뢰딩거의 고양이'라는 이름의 사고실험입니다.

입자의 거동에 의해 독가스가 발생하는 장치가 설치된 불투명한 상자 안에 고양이를 넣습니다. 입자의 행동은 확률에 따르기 때문에 독가스는 50%의 확률로 발생합니다. 상자를 열기 전에 독가스가 발생한다면 고양이는 죽겠지만 발생하지 않는다면 고양이는 살아남겠지요.

하지만 상자를 열기 전까지 고양이의 상태는 알 수 없습니다. 입자의 행동을 확실하게 알기란 불가능하기 때문이지요. '상자를 연다'라는 행동은 실험으로 입자를 검출하는 행동에 해당합니다. 입자를 검출하기 전까지 입자의 상태를 정확하게 알기란 불가능하므로, 양자론자의 설에 따르면 그때까지는 '고양이는 죽은 상태와 살아 있는 상태가 중첩된 상태다'라고 해석할 수 있습니다.

이러한 상태의 고양이란 어떤 고양이일까요?

그런 고양이는 있을 수 없으니 질문자는 '상태의 중첩'이라는 사고방식은 잘못되었다고 말하고 싶겠지요. 이 점이 양자론에서 가장 큰 문제로 받아들여지는 부분입니다.

• 검출 확률

사실 이 문제는 앞서 보았던 검출될 확률의 해석을 통해 해결된 듯 보입니다. 그리고 그렇게 해석한다 해도 과학적으로 문제는 일어나지 않지요. 하지만 이 확률론을 고양이에 적용하면 어떻게 될까요?

고양이는 상자 안에서 '이 부분에서 죽어 있을 확률 1%', '이 부분에서 살아 있을 확률 90%'이라는 식으로 존재하는 걸까요? 그리고 그 확률의 총합이 딱 반반인 50%라고 생각하면 되는 걸까요?

여러분의 해석은 어떤가요?

원자의 화학적 실체는 전자구름에 있다

—— 전자껍질과 양자수

고등학교에서 현대의 원자 구조를 배운 여러분은 원자의 구조라고 한다면 중심에 작고 무거운(밀도가 큰) **원자핵**이 있으며, 그 주변을 몇 개의 전자로 이루어진, 가볍고 폭신폭신한 '**전자구름**'이 에워싸고 있는 그림을 떠올리지 않을까요(5-1 단원 참조).

원자핵의 지름과 전자구름의 지름의 비는 약 1:10000, 그리고 **원자의 무게 중 99.9%는 원자핵에 있다**는 정보 역시 중요합니다.

그런데 정작 원자의 성질, 화학 반응성을 지배하는 것은 가볍고 폭신폭신한, 부피만 있지 실체가 없어 보이는 전자구름이라는 사실도 잊어서는 안 되겠지요.

이는 즉, **원자의 화학적 실체는 전자구름에 있다**는 뜻입니다.

따라서 **원자의 구조를 이야기할 경우에는 보통 원자핵을 제외한 전자구름의 구조, 즉 '원자의 전자 구조'**를 말합니다.

● **전자가 모이는 전자껍질이란**

원자를 구성하는 전자는 원자핵의 주변 적당한 곳에 무리지어 모여 있는 것이 아닙니다. 전자에는 있어야 할 장소가 버젓이 정해져 있습니다. 이것을 **전자껍질**이라고 합니다.

전자껍질은 구의 형태를 띠고 있으며 여러 층으로 겹쳐져 있습니다.

각 전자껍질에는 안쪽부터 순서대로 K껍질, L껍질, M껍질…이라는 식으로 알파벳

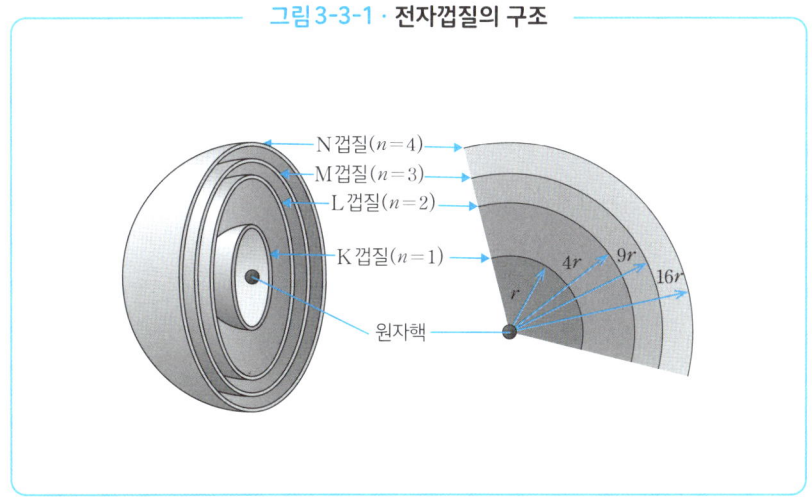

그림 3-3-1 · 전자껍질의 구조

K부터 시작하는 이름이 붙어 있습니다.

● **전자껍질의 성질과 양자수**

각 전자껍질에는 **양자수** n가 따라붙으며, 이는 K껍질(1), L껍질(2), M껍질(3) 등, '**0을 제외한 양의 정수**'입니다.

전자껍질의 성질은 양자수에 의해 엄중히 규정되어 있는데, 바로 아래와 같습니다.

ⓐ 전자껍질의 반지름

전자껍질의 성질은 **양자수의 제곱에 비례**합니다. 즉, K껍질의 반지름을 r이라고 한다면 L껍질은 $2^2 r = 4r$, M껍질은 $3^2 r = 9r$… 이런 식이지요.

ⓑ 전자껍질의 정원

각 전자껍질에 들어갈 수 있는 전자의 개수가 정해져 있습니다. 그 최대 수(정원)는 $2n^2$개, 다시 말해 K껍질은 $2 \times 1^2 = 2$개, L껍질은 $2 \times 2^2 = 8$개, M껍질은 $2 \times 3^2 = 18$개… 이런 식입니다.

ⓒ **전자껍질의 에너지**

각 전자껍질은 고유한 에너지를 가지며, 그 전자껍질에 속한 전자는 그 에너지를 갖습니다. 이는 전자껍질을 계단에 비유하고, 그 높이에 대응되는 위치 에너지를 전자껍질의 에너지라고 생각하면 이해하기 쉬울 겁니다.

다만 원자, 분자의 경우는 에너지를 음수로 측정하므로 에너지를 그래프로 나타낼 경우, 에너지의 절댓값이 큰 전자껍질일수록 그래프의 아래쪽에 위치합니다.

일반적으로 그래프의 아래쪽에 있을수록 에너지가 낮으며 안정적, 위쪽일수록 에너지가 높으며 불안정하다고 해석합니다. 이는 우리가 알고 있는 위치 에너지의 경우와 동일한 느낌이지요.

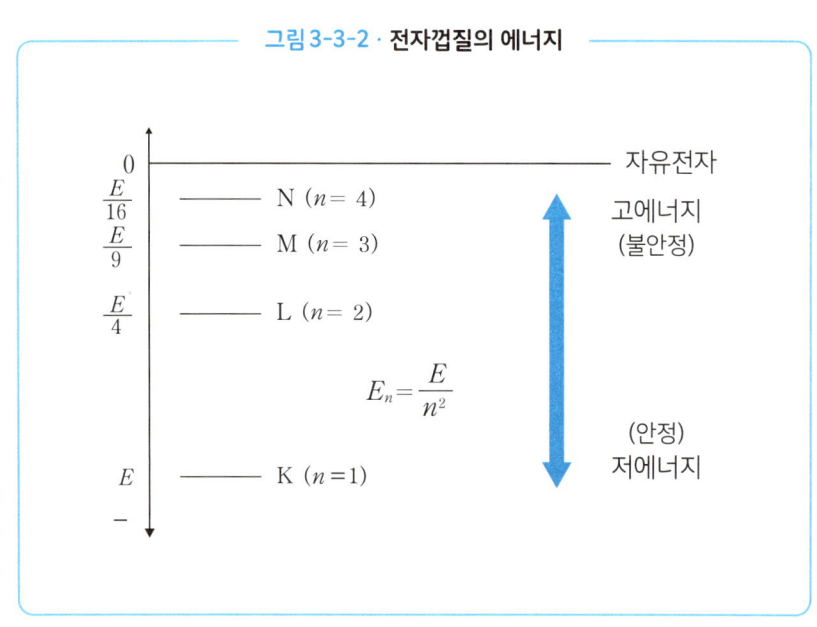

그림 3-3-2 · **전자껍질의 에너지**

전자의 궤도는 입체를 이룬다

―― 양자론의 궤도

전자는 전자껍질에 들어갔지만 사실 전자껍질은 한층 복잡한 구조를 띠고 있습니다. 그것이 바로 **궤도**(orbital: **오비탈**)이지요.

앞서 본 원자의 나가오카 한타로 모형, 보어 모형 등에서도 전자는 궤도에 들어갔습니다.

그때의 궤도는 영어로 orbit, 열차의 궤도와 동일한 느낌입니다. 즉, 궤도는 평면으로 깔려 있으며, 전자는 이탈하는 일 없이 그 궤도 위를 달리고 있지요.

하지만 이제부터 살펴볼 양자론에 따른 궤도는 그것들과는 꽤나 다릅니다. 우선, **'양자론의 궤도'는 평면이 아닙니다. 입체지요.** 전자가 달리는 궤도라기보다는 전자가 들어 있는 용기에 가깝습니다. 전자는 그 용기의 어디에든 있을 수 있습니다.

이처럼 '양자론의 궤도'는 이전에 등장했던 모델의 '궤도orbit'와는 다릅니다. 따라서 양자론의 궤도는 영어로 'orbital'이라고 씁니다. '궤도 같은 것'이라고 해석하면 좋을까요.

하지만 우리말로는 orbit와 마찬가지로 '궤도'라고 번역되고 말았습니다. 이후로 지금까지도 궤도로 통하고 있지요.

그렇다면 한자의 종주국인 중국에서는 뭐라고 번역했을까요. 중국에서 온 유학생에게 물어보니 마찬가지로 궤도라고 하더군요. 중국에서 화학용어는 일본어를 번역해서 사용한다고 합니다.

그림 3-4-1 · 전자껍질의 궤도

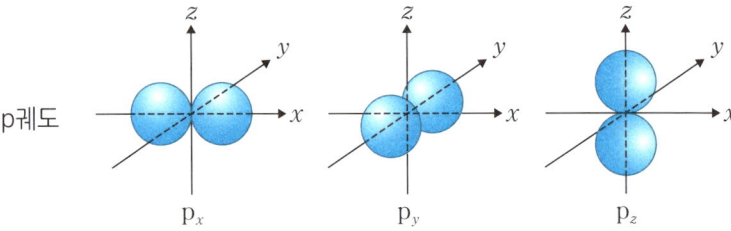

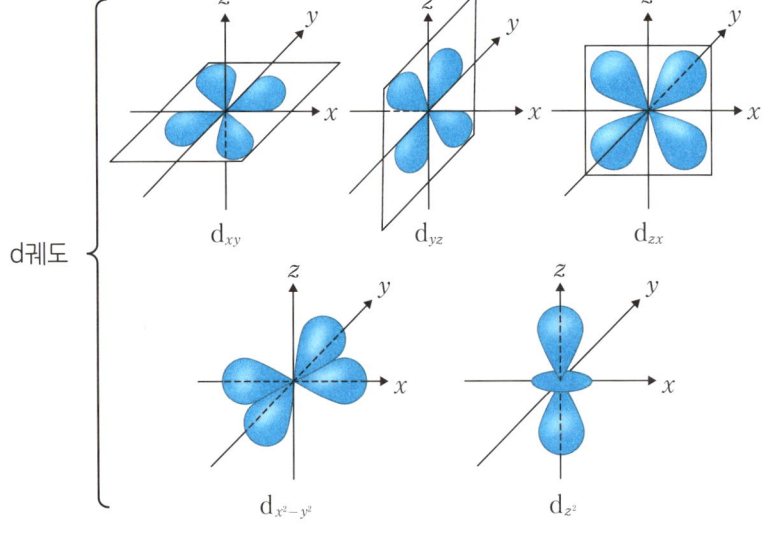

● **전자껍질 궤도의 종류**

전자껍질을 상세하게 검토해보니 전자껍질은 몇 가지 궤도로 이루어져 있다는 사실이 밝혀졌습니다.

궤도에는 다양한 종류가 있는데, 대표적인 것만 하더라도 **s궤도**, **p궤도**, **d궤도** 등이 있지요. 그리고 s궤도는 하나만이 존재하지만 p궤도는 3개가 한 세트, d궤도는 5개가 한 세트로 세트를 이루어 존재합니다.

가장 작은 K껍질은 s궤도만으로 이루어져 있지만 L껍질은 s궤도 1개와 p궤도 3개로 합계 4개, M껍질은 s궤도 1개, p궤도 3개, d궤도 5개로 합계 9개의 궤도로 이루어져 있습니다.

이처럼 s궤도는 K, L, M껍질 모두에 존재하기 때문에 구별을 위해 속한 전자껍질의 양자수를 붙여서 1s궤도, 2s궤도라는 식으로 부릅니다. 다른 궤도에 관해서도 마찬가지입니다.

전자껍질에 정원이 있듯이 궤도에도 정원이 있는데, **모든 궤도의 정원은 2개**입니다. 따라서 4개의 궤도로 이루어진 L껍질의 총 정원은 8개로, 앞 단원에서 보았던 전자껍질의 정원과 일치합니다. 다른 전자껍질의 경우에도 마찬가지입니다.

● **궤도 에너지의 성질**

전자껍질에 에너지가 있었듯이 궤도 역시 에너지를 갖고 있습니다. 그 에너지는 같은 전자껍질에 속한 것이라면 s궤도＜p궤도＜d궤도의 순으로 높아지고(고에너지, 불안정화) 커집니다.

3개가 한 세트인 p궤도, 5개가 한 세트인 d궤도는 모두 서로 간에 에너지가 같습니다. 이처럼 다른 궤도에 있으면서 에너지가 동일한 궤도를 **축퇴 궤도**라고 합니다.

p궤도는 3중, d궤도는 5중으로 **축퇴**되어 있다고 표현합니다.

그림 3-4-2 · 원자의 궤도 에너지

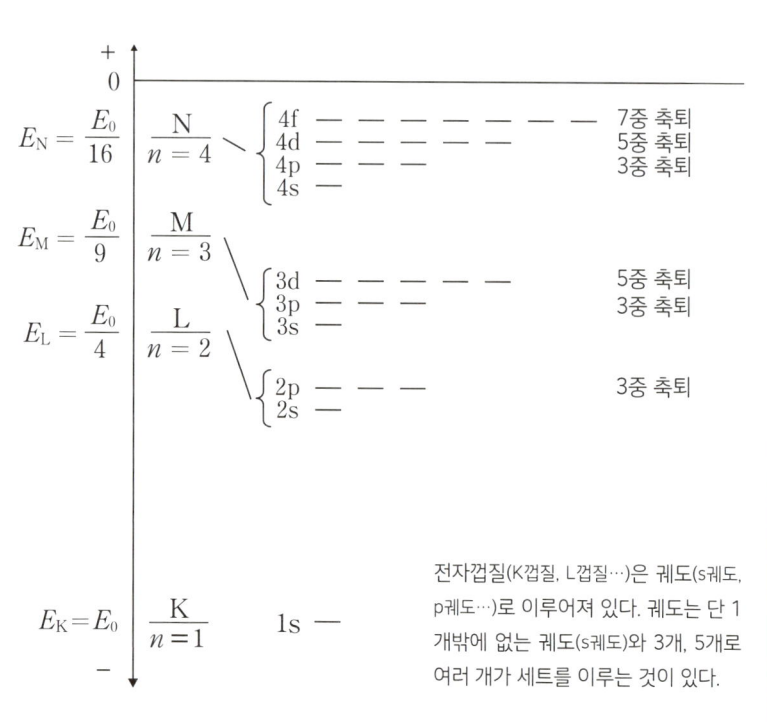

전자껍질(K껍질, L껍질…)은 궤도(s궤도, p궤도…)로 이루어져 있다. 궤도는 단 1개밖에 없는 궤도(s궤도)와 3개, 5개로 여러 개가 세트를 이루는 것이 있다.

3-5 전자구름은 전자의 존재 확률의 도식화

—— 하이젠베르크의 불확정성 원리

앞 단원의 그림3-4-1은 **궤도의 형태**입니다. 일반적으로 '궤도의 형태'란 그 **궤도에 들어 있는 전자가 형성하는 전자구름의 형태**를 말합니다.

앞서 양자화되는 것은 양뿐만 아니라 방향, 공간까지 모두 포함된다는 사실을 확인했습니다. 그 결과 아름다운 형태로 나타나는 것이 이 궤도의 형태입니다.

● **'양을 측정할 수 없다'라는 불확정성 원리**

양자화학에서는 '양자화', '물질파' 등 신기한 개념이 등장하는데, 그중 하나가 바로 '불확정성 원리'입니다. 이는 **양을 명확하게 측정할 수 없는 경우가 존재한다**는 원리입니다. 이럴지도 모르고, 저럴지도 모른다는 뜻이지요.

이렇게 말하면 다소 모호하고 비과학적으로 들릴지도 모르겠네요. 하지만 '몇%의 확률로 이럴 것이다' 정도로는 표현할 수 있습니다.

ⓐ **둘 중 하나는 흐려지는 피사체**

이 원리는 발견자인 독일의 이론물리학자 **베르너 하이젠베르크**의 이름에서 따와 '**하이젠베르크의 불확정성 원리**'라고 부릅니다.

이는, '**2개의 양을 동시에 정확하게 측정하는 것은 불가능하다**'라는 원리입니다. 비유를 통해서 살펴보겠습니다.

그림 3-5-1 · 뉴턴 카메라와 하이젠베르크 카메라

전체가 살짝 흐릿 — 뉴턴 카메라

가족은 뚜렷, 불상은 흐릿 / 불상은 뚜렷, 가족은 흐릿 — 하이젠베르크 카메라

커다란 불상 앞에서 가족이 기념사진을 찍었다고 가정하겠습니다.

오래되어서 해상도가 낮은 카메라(뉴턴 카메라라고 부릅시다)로 찍으면 불상과 그 앞에 선 가족 모두 그럭저럭 초점을 맞추어서 찍을 수 있습니다.

그런데 해상도가 높은 최신형 카메라(하이젠베르크 카메라라고 부릅시다)로 찍으면 (초점 심도가 얕아서) 가족에게 초점을 맞추면 속눈썹 한 올 한 올까지 또렷하게 찍히지만 불상이 흐릿해지고 맙니다. 반대로 불상에 초점을 맞추면 가족이 흐려지고 말지요.

● **베르너 하이젠베르크**(1901~1976): 불확정성 원리로 양자역학의 확립에 크게 공헌했다. 1932년에 31세의 나이로 노벨물리학상을 수상. (출처: 독일연방공문서관)

즉, 양자화된 세계에서는 불상과 가족의 두 피사체를 동시에 정확하게 찍기란 불가능하다는 뜻입니다.

ⓑ 1호선 열차

과학에서 이야기하는 2개의 양은 오로지 **위치와 속도**를 말합니다.

예를 들어, 1호선을 달리는 열차의 위치와 속도를 생각해봅시다.

열차 관리국으로 가면 1호선을 달리는 열차 A는 현재 어느 구간을 시속 몇 km로 달리고 있는지, 어디에 있는지를 알 수 있습니다. 즉, 위치와 속도 모두를 알 수 있지요. 이는 이 열차가 우리의 세계와 같은 현실세계를 달리고 있기 때문입니다.

하지만 양자화된 가상세계에서는 다릅니다. 궤도 위를 달리는 열차의 위치를 알고자 하면 속도는 알 수 없게 되고 말지요. 속도를 알고자 하면 열차의 위치를 알 수 없게 됩니다.

예를 들어, L껍질 전자에 대해 이야기할 때면 그 에너지는 앞 단원의 그림3-4-2에 따라서 $E/4$로 정해집니다. 그러면 불확정성 원리에 의해 전자의 위치는 알 수 없게 됩니다. 이러한 불편을 해소하기 위해 고안된 것이 바로 **전자구름**입니다.

● **전자구름을 사진으로 찍어보기**

1개의 전자를 사진으로 찍는다는 것은 불가능하니 대신 사고실험을 진행해봅시다.

전자를 1개 가진 원자의 사진을 원자핵을 중심에 두고 수만 장 찍어보겠습니다. 각각의 사진에 전자는 찍혀 있지만 그 위치는 사진마다 다릅니다.

이 수만 장의 사진 모두를 한 장으로 겹쳐서 인화합니다. 그러면 전자가 존재했던 횟수가 많은 부분은 검어지고, 적은 부분은 흐려져서 원자핵 주변에 구름과도 같은

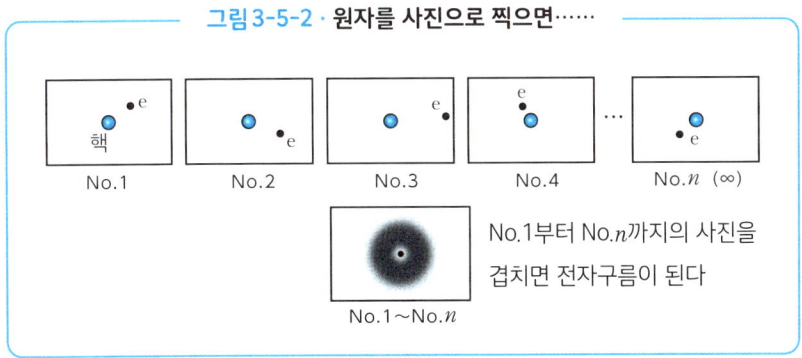

그림 3-5-2 · 원자를 사진으로 찍으면……

No.1 No.2 No.3 No.4 ... No.n (∞)

No.1~No.n

No.1부터 No.n까지의 사진을 겹치면 전자구름이 된다

농담(濃淡)이 나타납니다. 이것이 전자구름의 그림입니다.

하늘에 떠 있는 구름은 수억 개나 되는 미세한 물방울이 만들어낸 것이지만, 전자구름의 경우는 **단 하나의 전자라도 전자구름을 형성할 수 있다**는 뜻이지요. 즉, 전자를 하나밖에 갖고 있지 않은 수소 원자라도 그 전자는 구형의 전자구름을 형성할 수 있다는 말이 됩니다.

ⓐ 전자의 존재 확률

전자구름은 정확히 말하자면 **전자의 존재 확률을 도식화한 것**입니다. 존재 확률이란 1개의 전자가 어떤 특정한 위치에서 발견(검출)될 확률은 어느 정도인지(몇 %인가)를 나타낸 수치입니다. 그러므로 이 수치를 전부 더하면(적분하면) 전자의 개수, 즉 1이 됩니다.

따라서 작은 전자구름은 밀도가 높으므로 검어지고, 크고 넓은 전자구름은 밀도가 낮으므로 옅은 회색이 됩니다.

전자구름은 전자의 존재 확률을 도식화한 것이기 때문에 극대치가 1인 것도 있고, 여러 개인 것도 있습니다. 여러 개인 것은 전자의 존재 확률이 높은 장소가 여러 군데임을 의미하므로 그만큼 전자구름은 복잡한 형태를 띠게 됩니다.

일반적으로 양자수가 클수록 전자구름의 형태는 복잡해집니다.

ⓑ 궤도의 형태

각 궤도에 들어간 전자가 나타내는 전자구름의 형태를 궤도의 형태라고 말합니다. 궤도는 앞서 언급했듯이 s궤도, p궤도, d궤도 등이 있는데, 각각 특유의 형태를 띠고 있지요. 그 형태에 대해 해설해두겠습니다.

s궤도는 경단형입니다. p궤도는 2개의 경단을 꼬치로 꿴 경단꼬치형이지요. 그리고 3개가 있는 p궤도는 꼬치의 방향에서 차이가 납니다. 다시 말해 'p_x궤도의 꼬치는 x축 방향을 향하고, p_y궤도의 꼬치는 y축 방향을 향하고 있다'라는 식입니다.

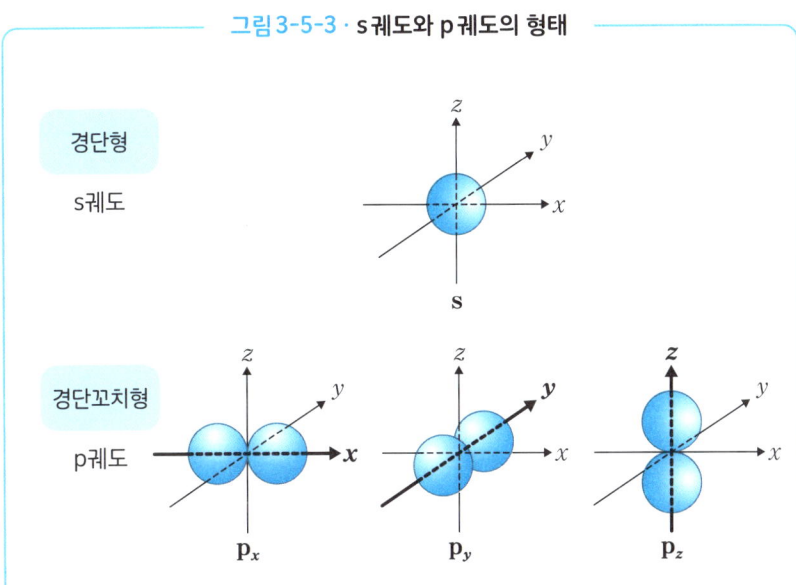

그림 3-5-3 · s궤도와 p궤도의 형태

양자 세계의 창문

궤도의 형태

우리는 습관적으로 '궤도의 형태', '궤도의 에너지'라고 말합니다. 이는 마치 '궤도는 고유한 형태나 에너지를 갖고 있으며, 그 궤도에 들어간 전자는 자동적으로 그 형태를 이루고, 그 에너지를 갖게 된다'라는 말처럼 들립니다.

그런데 과연 그럴까요? 2p궤도가 경단꼬치형인 것은 2p궤도에 들어 있는 전자구름의 형태가 경단꼬치형이기 때문입니다. 그렇다면 전자가 들어 있지 않은, 텅 빈 2p궤도는 어떤 형태일까요?

전자 배치에는 규칙이 있다

―― 파울리와 훈트의 원리

원자의 구조라고도 할 수 있는 전자 구조는 **'전자가 어떤 궤도에 어떻게 들어 있는가'**를 뜻합니다. 이를 원자의 **'전자 배치'**라고 합니다.

전자는 전자껍질에 들어가고, 이어서 궤도로 나뉘어 들어갑니다. 학교에 비유한다면 전자껍질은 학년, 궤도는 반인 셈이지요. 같은 학년이라도 이과, 문과 등 다양한 반이 있습니다. s궤도는 종합 반, p궤도는 이과 반 같은 느낌입니다.

전자가 어떤 궤도에나 자유롭게 들어갈 수 있는 것은 아닙니다. 궤도에 들어가려면 지켜야만 하는 약속이 있습니다. 반을 나눌 때의 규칙 같은 것이지요.

● **전자가 궤도에 들어갈 때의 '파울리와 훈트의 원리'**

전자가 궤도에 들어갈 때는 2개의 규칙이 있습니다. 이는 **파울리***와 **훈트****라는 두 물리학자가 발견한 **파울리와 훈트의 원리**'입니다.

둘을 한꺼번에 간단히 말하자면 다음과 같습니다.

---

* 볼프강 파울리(1900~1958): 오스트리아 태생의 물리학자. 스핀의 이론이나 현대화학의 기초가 되는 '파울리의 배타율'을 발견한 것 등으로 알려져 있다. 1945년에 노벨물리학상을 수상했다.

** 프리드리히 훈트(1896~1997): 독일 태생의 물리학자. 양자론, 원자·분자의 스펙트럼 구조에 관해 큰 공헌을 했다.

ⓐ **전자 스핀**

전자는 자전(**스핀**)하고 있으며, 그 방향은 두 가지가 있습니다. 각각에 '**스핀 양자수**' $s=+\frac{1}{2}, -\frac{1}{2}$ 가 대응합니다. 보통은 각각 위아래 방향의 화살표로 나타냅니다.

전자는 스핀하고 있다고 말했지만 실제로 스핀한다는 뜻은 아닙니다. 다만 원인은 무엇인지 알 수 없으나 전자에 2개의 다른 에너지 상태가 있다는 사실은 확실합니다. 그래서 그 상태를 알기 쉽게 표현하기 위해 스핀이라는 용어를 사용한 것이지요. 따라서 $s=+\frac{1}{2}$ 이 우회전한다거나, $s=-\frac{1}{2}$ 이 좌회전한다거나 하는 일은 없습니다.

ⓑ **파울리의 배타 원리**

1개의 궤도에 2개의 전자가 들어갈 때 자전 방향은 서로 반대여야만 합니다.

ⓒ **훈트의 규칙**

전자는 가능한 한 각각의 궤도에 하나씩 들어가며, 스핀의 방향을 가지런히 맞추려 합니다.

위의 두 가지 규칙을 궤도로 들어가기 위한 입실 규칙으로서 정리하자면 다음과 같습니다.

원리① 전자는 에너지가 낮은 궤도부터 차례대로 들어간다.
원리② 1개의 궤도에는 2개까지 들어갈 수 있다. 1개의 궤도에 2개의 전자가 들어갈 때에는 스핀을 반대로 해야만 한다.
원리③ 1개의 궤도에는 2개 이상 들어갈 수 없다.
원리④ 궤도 에너지가 동등할 경우에는 각각의 궤도에 스핀의 방향을 맞추어서 들어간다.

그림 3-6-1 · 전자가 궤도에 들어갈 때의 원리

전자 스핀

 (↑)   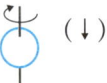 (↓)

파울리와 훈트의 원리

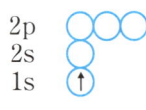
2p
2s
1s

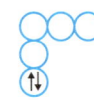   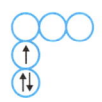   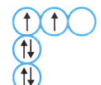

원리①
에너지가 낮은 궤도부터 들어간다

원리②
1개의 궤도에 2개가 들어갈 때에는 스핀의 방향을 반대로 한다

원리③
1개의 궤도에는 2개 이상 들어갈 수 없다

원리④
궤도 에너지가 동등할 때에는 각각의 궤도에 스핀의 방향을 맞추어서 들어간다

● **전자 배치의 실제**

그림3-6-1의 원리는 그림만 봐서는 잘 이해하기가 어렵습니다. 실제로 전자를 넣어봅시다. 원자번호 순서대로 넣어서 결과를 그림3-6-2에 나타내겠습니다.

원소기호 뒤의 괄호는 원자번호입니다.

- **H(1)**: 1개의 전자는 원리①에 따라서 1s궤도에 들어갑니다.
- **He(2)**: 두 번째 전자는 원리①, ②에 따라서 1s궤도에 들어가고, 스핀 방향을 반대로 맞춥니다.

이로써 K껍질은 정원이 꽉 찼습니다.

이처럼 정원이 채워진 전자구조를 **닫힌 껍질 구조**라고 하며, 특별한 안정성을 가

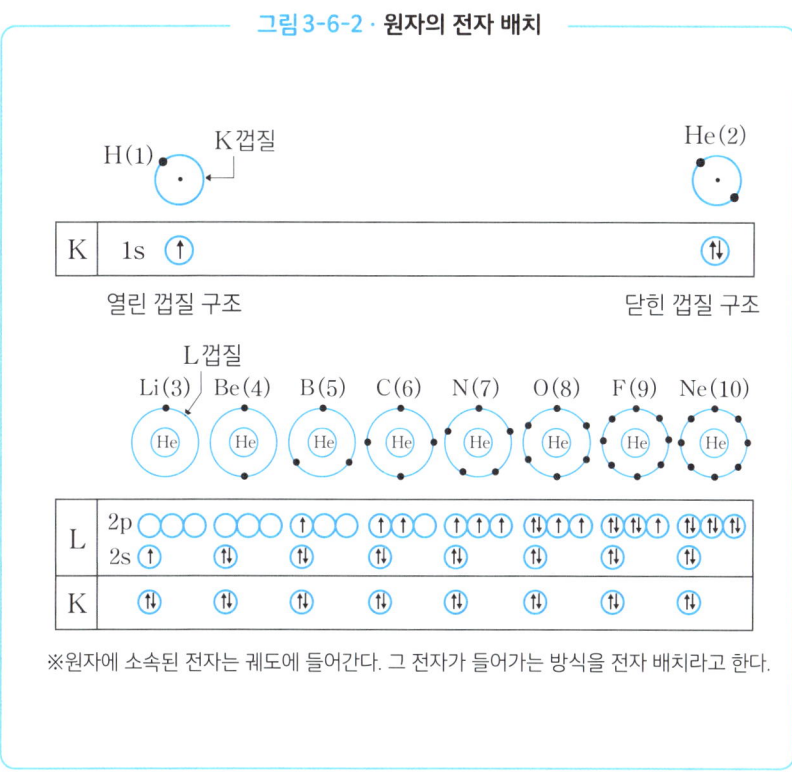

그림 3-6-2 · 원자의 전자 배치

※원자에 소속된 전자는 궤도에 들어간다. 그 전자가 들어가는 방식을 전자 배치라고 한다.

집니다. 반면 H(1)처럼 정원이 채워지지 않은 구조를 **열린 껍질 구조**라고 합니다(그림3-6-2).

또한 1개의 궤도에 1개밖에 들어 있지 않은 전자를 **홀전자**, 2개 들어간 전자를 **전자쌍**이라고 합니다.

· **Li(3)**: 리튬의 경우 K껍질과 L껍질에 전자가 들어가는데, 전자가 들어 있는 궤도 중 가장 바깥쪽 궤도를 **최외각**, 그리고 그곳에 들어 있는 전자를 '**최외각 전자**' 혹은 '**원자가 전자**'라고 합니다.

원자가 전자는 다음 단원에서 알 수 듯이 원자의 성질, 반응성을 결정하는 중요한 전자입니다.

· **Be(4)**: 베릴륨의 경우 최외각의 2s궤도에 전자쌍이 들어 있습니다. 이처럼 원자

가 전자가 이루는 전자쌍을 특히 **비공유 전자쌍**이라고 합니다.

- **C(6)**: 탄소의 경우 2p궤도에 2개의 전자가 들어갑니다. 이럴 때, 2p궤도의 전자는 1개의 궤도에 2개의 전자가 들어가는 것이 아니라, 2개의 궤도에 하나씩 들어가 스핀 방향을 가지런히 맞추려 합니다.
- **N(7)**: 질소의 경우 2p궤도에 2개의 전자가 들어가는데, 탄소의 경우와 마찬가지로 3개의 전자는 각각의 궤도로 나뉘어 들어가며, 서로 스핀 방향을 맞추려 합니다.
- **Ne(10)**: 네온의 경우 K껍질, L껍질 모두 전자로 꽉 채워진 닫힌 껍질 구조를 이루어 안정화되어 있습니다.

무엇이 원자의 물성과 반응성을 지배할까?

—— 최외각 전자·원자가 전자의 역할

원자의 전자 구조(전자 배치)를 알면 원자의 구조와 원자의 물성, 반응성의 관계를 매우 단적으로 이해할 수 있습니다.

● **원자의 물성을 지배하는 요소란**

지금까지 반복해서 언급해왔듯이 원자의 물성, 반응성을 지배하는 것은 전자구름입니다.

그런데, 원자의 물성을 관측, 측정한다는 것은 무엇을 말하는 걸까요?

일상생활을 예로 들어 생각해봅시다.

거리로 나와 보면 수많은 사람들이 걷고 있습니다. 어떤 사람은 정장, 어떤 사람은 스웨터, 어떤 사람은 셔츠 차림이지요. 옷 색깔도 검정색, 흰색, 회색, 빨간색, 파란색, 초록색 등 다양합니다.

이 사람들을 식별할 때, 우리는 '파란 정장을 입은 사람'이라거나 '빨간 셔츠를 입은 사람', '하얀 반소매 셔츠를 입은 사람'같이 가장 두드러진 특징으로 식별합니다. 그리고 그 '가장 두드러진 특징'이란 가장 바깥쪽에 입고 있는 옷을 말하지요.

원자를 관측할 때 역시 마찬가지입니다. 원자를 관측기로 관측할 경우, 가장 먼저 관측되는 것은 '원자의 가장 바깥쪽'입니다.

원자의 가장 바깥쪽이란 무엇일까요? 그것은 바로 전자구름의 바깥쪽 부분입니다.

즉, 최외각에 들어 있는 전자, '**최외각 전자, 원자가 전자**'인 것이지요. 이것이 **원자의 물성을 지배하는 것은 '최외각 전자, 원자가 전자다'**라고 말하는 까닭입니다.

● 원자의 반응성을 지배하는 요소

그렇다면 화학반응은 어떨까요?

  2개의 원자가 반응한다는 것은 간단히 말해 2개의 원자가 충돌하는 것입니다. 그 충돌은 자동차 충돌과 비슷합니다. **충돌한 원자가 서로 맞부딪혀서 찌그러지거나, 변형되거나, 융합하거나, 때로는 합체하는 것이 화학반응**입니다.

  이러한 변형이 일어나는 부분은 자동차에서 어떤 부분일까요? 두 말할 필요도 없이 충돌한 부분, 즉 자동차의 가장 바깥쪽 부분입니다. 이 부분이 찌그러지면 그 영향이 안쪽으로 전해지게 되지요.

  원자도 이와 마찬가지입니다. 충돌의 영향을 가장 먼저 받는 부분은 전자구름으로, 그 전자구름 안에서도 가장 바깥쪽에 있는 전자, 다시 말해 최외각에 들어 있는 전자, 그리고 **가장 에너지가 높은 궤도에 들어 있는 전자, 원자가 전자**입니다.

  이는 매우 중요한 사실입니다. 원자의 물성이나 반응성에만 적용되는 것은 아니지요. 나중에 알게 되겠지만 **분자의 물성이나 반응성에 관해서도 마찬가지**입니다.

제 4 장

양자론적으로 보는 분자의 구조

4-1 수소 원자의 궤도와 수소 분자의 궤도

—— 파동함수

분자는 원자의 화학결합을 통해 이루어진 원자 집단으로, 화학결합은 그 자체가 소립자인 전자의 작용에 의해 이루어집니다.

분자는 일반적으로 화학반응을 일으키기 쉬운 물체로, 그 화학반응 또한 전자의 작용에 따른 결과지요.

이처럼 **분자는 소립자인 전자의 성질과 거동이 직접적으로 전달되는 과학 매체**라고 볼 수 있겠습니다.

● **수소 원자의 전자 밀도와 파동함수 φ (phi, 파이)**

원자를 연결해서 분자로 만드는 화학결합으로는 **공유결합, 이온결합, 금속결합, 수소결합** 등 다양한 종류가 있는데, 공유결합 외에는 간단히 정전기적 인력, 즉 전자기력으로 설명할 수 있습니다.

하지만 공유결합은 양자론의 도움을 빌리지 않으면 깔끔하게 설명할 수 없지요. 여기서는 공유결합으로 이루어진 가장 작으면서 가장 간단한 분자인 수소 분자 H_2를 예로 들어 공유결합을 살펴보도록 하겠습니다.

ⓐ **공유결합이란**

원자가 지닌 전자궤도, 다시 말해 1s궤도, 2s궤도, 2p궤도 등을 일반적으로 **원자궤**

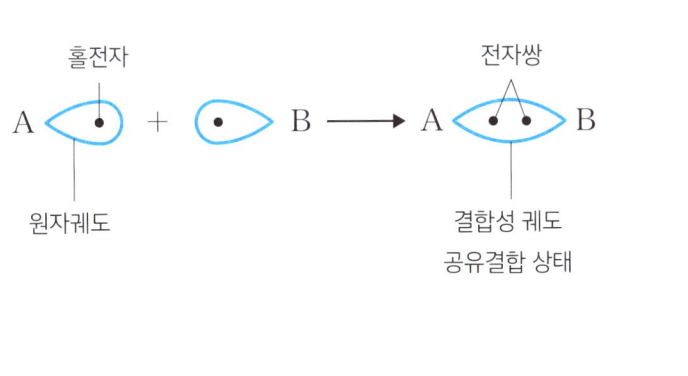

그림 4-1-1 · 원자의 공유결합

도라고 합니다.

원자궤도에는 ①1개의 전자(홀전자)가 들어간 궤도, ②2개의 전자(전자쌍)가 들어간 궤도, ③전자가 들어 있지 않은 궤도(공궤도)의 3종류가 있습니다.

공유결합은 원자의 궤도가 겹쳐지며 만들어지는 결합입니다. 다만 공유결합을 형성할 수 있는 궤도는 원칙적으로 ①의 홀전자가 들어간 궤도로 한정됩니다.

이러한 궤도가 2개 겹쳐져서 생겨난 새로운 궤도(결합성 궤도)에 2개의 전자가 들어가면서 생겨난 결합이 공유결합이 됩니다. 이 전자를 **결합 전자(구름)**이라고 합니다.

ⓑ 수소 원자의 전자 밀도

그림4-1-2의 Ⓐ는 수소 원자의 모식도입니다. 전자구름으로 이루어진 동그란 구의 중심에 원자핵이 들어 있지요.

수소 원자의 전자구름을 형성하는 전자는 1s궤도에 들어 있는 1개의 전자로, 소립자인 전자 1개에서 구름 같은 구체가 만들어지는 이유는 이 구체가 전자의 존재 확률을 나타내기 때문입니다.

Ⓑ는 그 존재 확률을 그래프로 나타낸 것입니다. 중심($r = 0$)에서 최대이며, 주변으

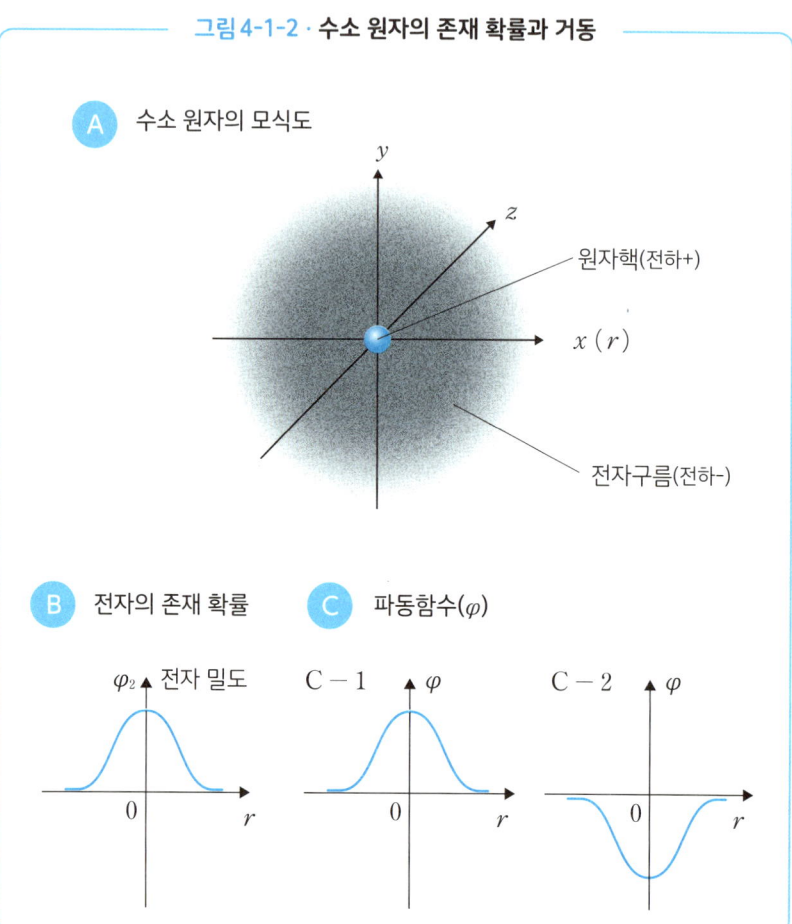

그림 4-1-2 · 수소 원자의 존재 확률과 거동

로 가면 낮아집니다.

ⓒ 수소 원자의 파동함수

양자론에 따르면 수소 원자의 전자의 거동은 파동함수 φ(파이)로 나타낼 수 있으며, 그 존재 확률은 파동함수의 제곱(φ^2)으로 나타난다는 사실이 밝혀진 바 있습니다.

따라서 그림4-1-2ⓑ의 φ^2에서 파동함수 φ를 유추하면 ⓒ에 나타난 2개의 함수가 떠오릅니다.

C-1은 양의 함수, C-2는 음의 함수지만 모두 제곱하면 φ^2가 되어 양의 함수가 됩니다.

● 수소 분자의 파동함수 ψ(프사이)

수소 분자 H_2는 2개의 수소 원자 H^1과 H^2로 이루어져 있습니다. 각각의 수소 원자의 파동함수를 φ_1, φ_2라고 한다면 수소 분자의 파동함수로서 그림4-1-3 ⓓ의 ψ_b와 ⓔ의 ψ_a가 만들어집니다.

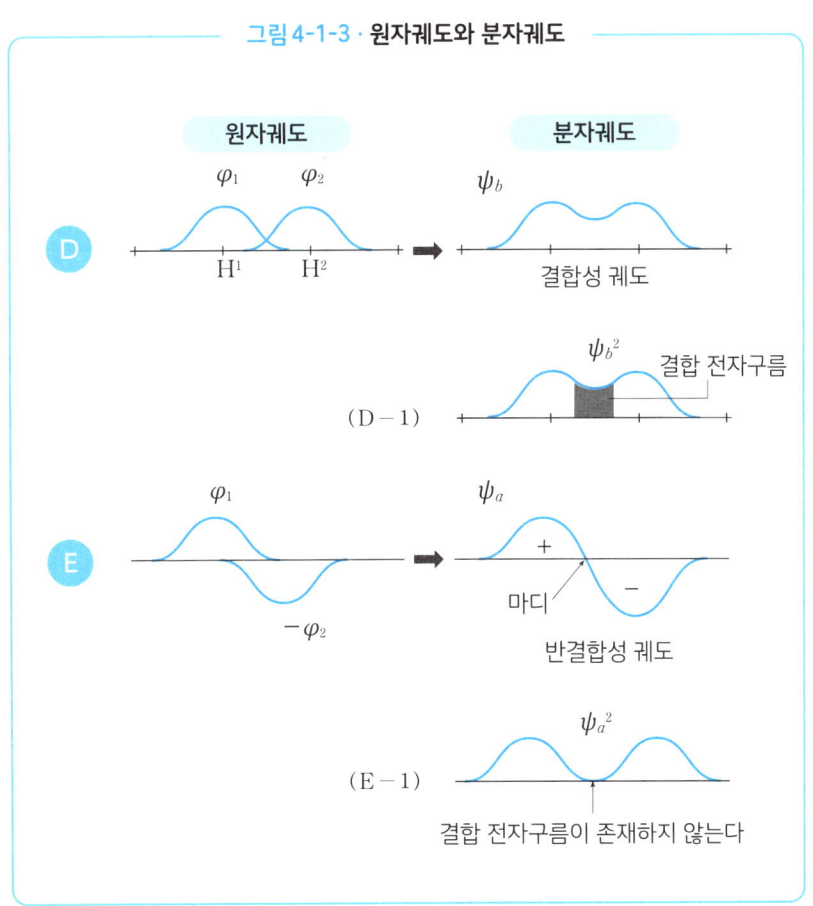

그림 4-1-3 · 원자궤도와 분자궤도

ψ_b, ψ_a는 원자가 아닌 분자를 표현하는 궤도이므로 특히 '**분자궤도**'라고 불리는 경우가 있습니다. 이와 구별하기 위해 φ는 '**원자궤도**'라고 불리기도 합니다.

각 수소 분자의 파동함수를 제곱한 값, 다시 말해 수소 분자의 **전자 밀도**를 그림 4-1-3D-1과 E-1에 나타냈습니다.

ψ_b에서 만들어진 전자 밀도의 경우, 2개의 수소 원자 사이에 전자구름이 존재합니다(D-1). 이 전자구름은 일반적으로 **결합 전자구름**이라 불리며, 2개의 원자를 결합시키는 작용이 있습니다.

그런데, ψ_a에서 만들어진 전자 밀도에는 원자 사이에 결합 전자구름이 없습니다(E-1). 그렇다는 사실은 이 전자구름은 원자를 결합시키는 작용이 없음을 의미합니다.

이러한 사실을 통해 ψ_b를 **결합성 궤도**(bonding orbital), ψ_a를 **반결합성 궤도**(antibonding orbital)라고 부릅니다.

이처럼 **분자궤도로서 결합성 궤도와 반결합성 궤도라는 2종의 궤도를 제시한 것은 양자론이 화학에 안겨준 최대의 공적** 중 하나라고 해도 과언이 아닙니다.

간단하게 구해지는 수소 분자의 결합 에너지

—— 궤도 상관도

원자와 원자가 결합할 때 필요한 에너지를 **결합 에너지**라고 합니다. 조금 더 이해하기 쉽게 말해보겠습니다.

2개의 원자로 이루어진 계(系)의 에너지는 원자가 결합하면 낮아집니다. 결합하기 전과 결합한 후를 비교해, 결합 후에 안정화된 만큼의 에너지를 결합 에너지라고 부르는 것입니다.

● **분자궤도 에너지와 원자간 거리**

그림4-2-1은 수소 분자의 2개의 분자궤도, 결합성 궤도 ψ_b와 반결합성 궤도 ψ_a의 궤도 에너지와, 2개의 수소 원자 간의 거리 r과의 관계를 나타낸 것입니다.

그림의 가로축은 원자간 거리로, r은 수소 분자에서의 원자간 거리, 다시 말해 결합 거리입니다. 세로축은 궤도 에너지 E입니다.

기준은 수소 원자의 1s궤도 에너지($E=a$)로 설정되어 있습니다.

원자나 분자의 에너지는 일반적으로 음수로 표현되기 때문에 그림의 아래쪽일수록 에너지가 낮음을, 즉 안정적임을 의미합니다.

결합성 궤도는 원자간 거리가 가까워질수록 에너지가 낮아집니다. 그리고 결합 거리 $r = r_0$에서 가장 낮아진 후, 상승으로 돌아서지요. 이는 **결합 거리가 r_0일 때의 분자 상태가 가장 낮은 에너지를 가지며 가장 안정적임**을 나타내고 있습니다. 2개의

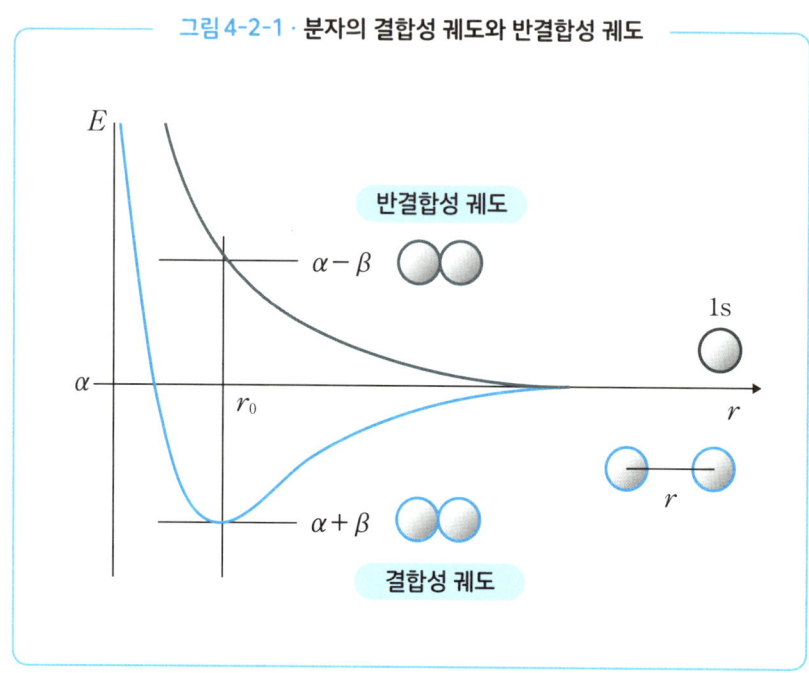

그림 4-2-1 · 분자의 결합성 궤도와 반결합성 궤도

원자가 그 이상으로 가까워지면 이번에는 원자핵 사이에서 정전기적 반발이 일어나 불안정해지게 됩니다.

반면에 **반결합성 궤도**는 안정화되는 일 없이 처음부터 끝까지 상승을 이어나갑니다. 이는 반결합성 궤도는 결합 형성에 기여하지 않는다는 사실을 보여줍니다.

● 수소 분자의 궤도 상관도

그림4-2-2는 그림4-2-1에서 다루었던 결합 거리 r_0에서의 결합성 궤도와 반결합성 궤도의 **궤도 에너지**를 나타낸 것입니다.

이 그림에서 β는 에너지를 나타내는데, α와 마찬가지로 음수 값입니다. 따라서 $\alpha+\beta$ 쪽이 $\alpha-\beta$보다 아래쪽, 다시 말해 낮은 에너지가 됩니다.

이 그림은 $E=\alpha$였던 2개의 수소 원자H의 1s궤도가 분자를 이루면 결합성 궤도와 반결합성 궤도의 2개 궤도로 분열되어, 결합성 궤도는 에너지 β만큼 안정화되고, 반

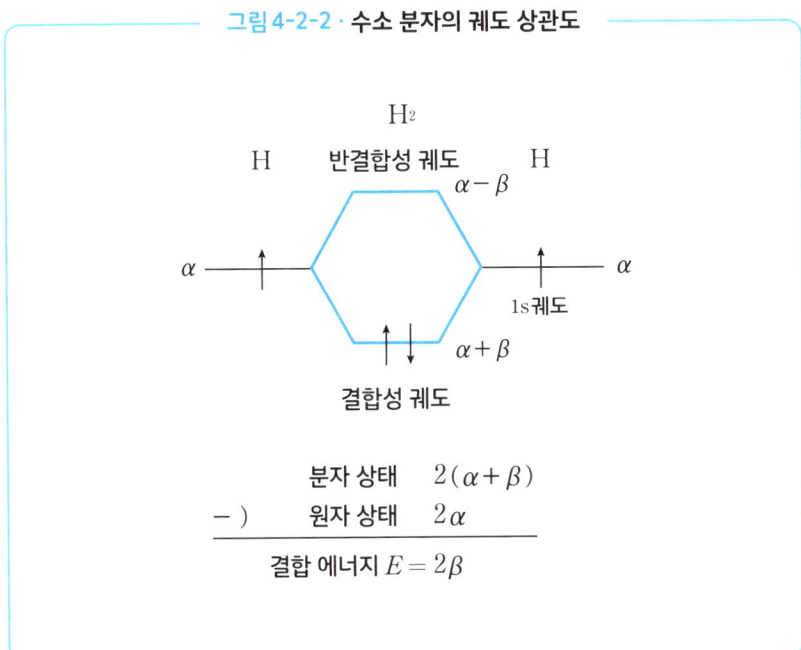

결합성 궤도는 β만큼 불안정해짐을 나타내고 있습니다.

이러한 그림을 일반적으로 **궤도 상관도**라고 부릅니다.

ⓐ 원자와 분자의 전자 배치

그림4-2-2에서 궤도 에너지를 나타내는 수평선 위에 화살표가 그려져 있는데, 이는 전자를 의미합니다. 분자궤도에서 전자의 수용 규칙은 원자에서의 규칙과 동일합니다.

즉, 전자는 에너지가 낮은 궤도부터 차례대로 들어가며, 1개의 궤도에 수용될 수 있는 전자의 정원은 2개입니다.

이 결과, 원자 상태에서는 각각의 1s궤도에 1개씩 전자가 들어 있지만, 분자가 되면 에너지가 낮은 결합성 궤도에 전자 2개가 들어가게 됩니다. 반결합성 궤도에 들어가는 전자는 없으며, 궤도는 텅 빈 상태로 남습니다.

ⓑ 수소 분자의 결합 에너지

여기서 원자 상태와 분자 상태에서의 전자의 에너지를 비교해봅시다.

분자 상태에서는 $E=\alpha+\beta$의 궤도에 전자 2개가 들어 있으므로 합계 $2\alpha+2\beta$입니다.

그런데 원자 상태에서는 $E=\alpha$의 궤도 2개에 1개씩 전자가 들어 있으므로 합계 2α입니다.

둘을 비교해보면 분자 상태 쪽이 2β만큼 안정화되어 있습니다. **따라서 수소 분자의 결합 에너지는 2β**가 됩니다.

이번 단원의 해설은 양자론에서 발전한 양자화학의 해석법 중 '**분자궤도법**'이라는 방법에 바탕을 두고 있습니다. 이처럼 분자궤도법에서는 분자의 궤도함수(ψ), 에너지(a, β), 결합 에너지(β) 등을 원자의 궤도함수(φ), 에너지(α)를 이용해서 산출해냅니다.

그 결과, 분자의 거의 모든 것을 단순명쾌한 형태로 제시할 수 있지요. 이는 양자론이 탄생하기 이전에는 생각할 수 없었던 방식입니다. 앞으로의 화학은 양자론 없이 성립될 수 없겠지요.

양자론의 눈부신 성과라고 할 수 있겠네요.

같은 원자로 이루어진 분자의 결합 에너지는?

―― 동핵 이원자 분자

수소 분자H_2, 산소 분자O_2, 질소 분자N_2 등과 같이 같은 원자 2개로 이루어진 분자를 일반적으로 **동핵 이원자 분자**라고 합니다.

양자론을 사용하면 수소 분자의 결합 에너지는 앞 단원처럼 간편하게 이해할 수 있으며 계산할 수 있습니다. 이는 양자론의 승리라 해도 과언이 아니겠지요.

그뿐만이 아닙니다. 수소 분자 이온의 결합 에너지나 헬륨 분자가 생성되지 않는 이유 등도 명확하고 간단하게 계산·설명할 수 있습니다.

● **수소 분자 양이온H_2^+의 결합 에너지**

전하를 갖지 않는 중성 분자의 결합 에너지는 수소 분자 등의 예에서 본 그대로입니다. 그런데 변칙적인 분자 이온의 결합 에너지 역시 마찬가지로 계산할 수 있습니다.

예를 살펴봅시다.

수소 분자 양이온H_2^+은 수소 분자에서 1개의 전자가 떨어져 나가면서 생겨난 이온입니다. 이 이온의 결합 에너지를 계산해봅시다.

간단합니다. 궤도 상관도는 수소 분자의 상관도를 그대로 사용할 수 있습니다.

다만, 궤도에 수용되는 전자의 개수가 달라집니다. 수소 분자 양이온은 전자 2개를 가진 수소 분자에서 전자 1개가 이탈한 상태이므로, 남은 전자는 1개뿐입니다. 이 전자는 에너지가 낮은 결합성 궤도에 채워집니다.

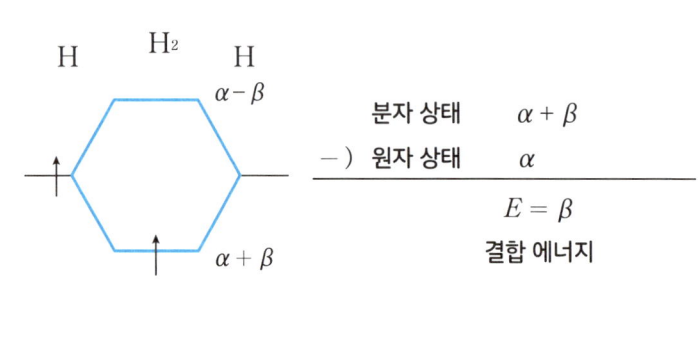

따라서 그림4-3-1에 나타나 있듯이, 이 이온의 결합 에너지 E는 β가 됩니다.

결합 에너지가 존재한다는 사실은 이 이온이 존재할 수 있음을 의미합니다. 다만, 결합 에너지는 수소 분자의 절반입니다. 이러한 사실을 통해,

- 이 분자는 불안정하며
- 결합 거리는 수소 분자보다 길 것이다

라는 사실을 쉽게 상상해볼 수 있습니다.

● 헬륨 원자He는 어째서 헬륨 분자를 형성하지 않을까?

수소 원자는 2개가 결합해 수소 분자H_2가 되는데, 헬륨 원자He는 결합해 헬륨 분자 He_2가 되지 않습니다.

이유가 뭘까요?

이 또한 간단합니다. 그림4-3-2의 궤도 상관도Ⓐ는 헬륨 분자의 상관도로, 수소의 경우와 동일합니다.

다만 헬륨 원자의 1s궤도는 수소의 1s궤도와 다르므로 α, β의 값은 수소의 값과

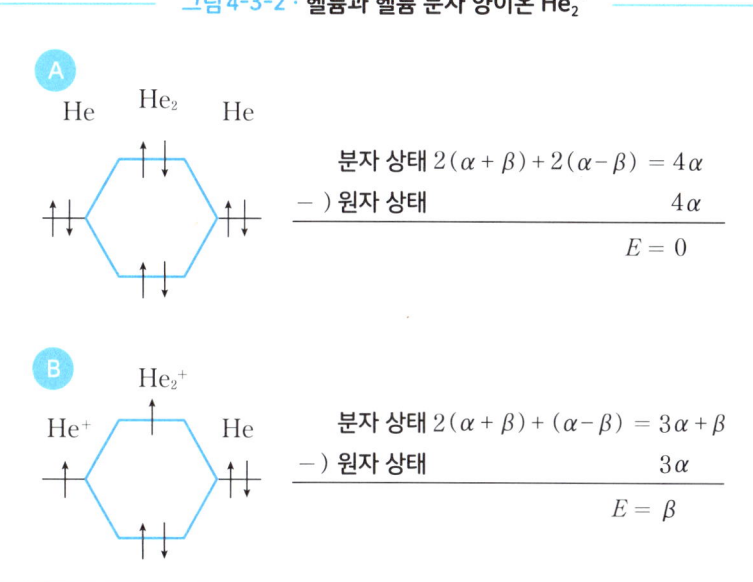

그림 4-3-2 · 헬륨과 헬륨 분자 양이온 He_2^+

달라지지만, 이러한 차이는 부차적인 문제입니다. 수소의 궤도 상관도를 사용해서 생각하더라도 아무런 문제가 없습니다.

  수소와 헬륨의 차이는 전자의 개수 차이입니다. 수소 원자는 전자가 1개지만 헬륨 원자는 2개를 갖고 있습니다. 따라서 만약 헬륨 분자가 만들어졌다면 2개의 분자궤도에 4개의 전자가 들어가야만 하지요.

  이 결과, 헬륨 분자에서는 결합성 궤도뿐 아니라 반결합성 궤도 역시 전자로 가득 차게 됩니다.

  다시 말해 분자 상태에서든 원자 상태에서든, 전자 에너지는 모두 4α가 되어 결합 에너지가 나타나지 않습니다. 이러한 이유로 헬륨 분자는 만들어지지 않는 것입니다.

  다만, 헬륨 분자에서 전자가 1개 빠진 헬륨 분자 양이온He_2^+은 어떨까요?

  이 이온의 전자 배치는 그림4-3-2ⓑ에 나타나 있습니다. 그림에서 알 수 있듯이 이 경우에는 β만큼 결합 에너지가 발생합니다. 그렇다는 말은 이 이온은 존재할 가능성이 있다는 뜻이지요.

참고로 이 전자 배치는 수소 분자 음이온H_2^-의 전자 배치와 동일합니다. 이는 수소 분자 음이온H_2^-역시 존재할 가능성이 있다는 말이 됩니다.

양자 세계의 창문

수소 분자 양이온

수소 분자 양이온H_2^+은 우주 방사선과 수소 분자가 상호 작용을 하면서 형성되기 때문에 성간 물질을 연구하는 데 매우 중요한 역할을 맡고 있습니다.

고속으로 날아다니는 우주 방사선의 전자는 수소 분자를 이온화시켜서 수소 분자 양이온을 형성합니다. 또한 더욱 낮은 에너지의 우주 방사선 양성자 역시 중성 수소 분자로부터 전자를 빼앗아 수소 분자 양이온을 형성합니다.

수소 분자 양이온은 수소 분자와 반응해 정삼각형 구조의 프로톤화 수소 분자H_3^+를 형성한다는 사실이 알려져 있습니다.

$$\left[\begin{array}{c} H \\ / \backslash \\ H - H \end{array} \right]^+$$

혼성궤도는 원자궤도의 재편성

── sp³혼성궤도

구성 요소로서 탄소 원자C를 갖는 분자를 일반적으로 **유기 분자**(유기화합물)라고 부릅니다.

 탄소 원자는 분자를 형성할 때, s궤도, p궤도가 아닌, **혼성궤도**를 사용합니다. 아니, 그보다는 유기 분자의 결합에 대해 설명할 때에는 혼성궤도를 사용하는 편이 이해하기 쉽기에 거의 모든 유기화학자는 혼성궤도를 전제로 생각한다고 말하는 편이 올바를지도 모르겠네요.

● **새로운 재편성 궤도**

혼성궤도란, **여러 종류, 여러 개의 원자궤도를 재편성(혼성)해 만들어낸 새로운 재편성 궤도**(혼성궤도)를 말합니다.

 혼성궤도의 설명에는 햄버거를 이용하면 편리하지요. 여기서도 햄버거를 이용해 설명해보겠습니다.

 돼지고기 햄버거의 가격을 1개에 1000원이라고 하겠습니다. 이때 한우를 사용한 햄버거는 3000원이었다고 가정해보지요.

 가족이 4명이기에 한우 햄버거를 4개 사고 싶었지만 다 팔려서 3개밖에 없었습니다. 하는 수 없이 한우 햄버거 3개와 돼지고기 햄버거 1개를 산 뒤, 이것들을 섞어서 햄버거를 만들기로 했습니다.

물론 돼지고기 햄버거가 s궤도, 한우 햄버거가 p궤도입니다. 그리고 이것들을 합친 햄버거가 혼성궤도지요. 이 경우는 s궤도가 1개, p궤도가 3개로 이루어진 혼성궤도이므로 **sp³혼성궤도**라고 부릅니다.

그럼 두 고기를 합친 햄버거 1개의 가격은 얼마가 될까요? 말할 것도 없이 (3000×3+1000)/4=2500이므로 1개 2500원입니다.

이 가격은 각 혼성궤도의 에너지를 반영한 것입니다. 즉, 혼성궤도의 궤도 에너지는 **궤도 혼성에 관여한 원료 궤도의 궤도 에너지의** (가중) **평균**입니다.

두 고기를 합친 햄버거는 혼성 원료를 4등분한 것이므로 무게는 4개 모두 동일합니다. 또한 형태도 일단은 햄버거이니 모두 동일하지요.

이 비유는 혼성궤도에도 적용됩니다. sp³혼성궤도는 4개가 있으며, 모두 동일한 형태에 동일한 에너지입니다.

그림4-4-1에 sp³혼성궤도의 형태, 전자 배치를 표시해두었습니다.

중요한 것은 그림4-4-2에 나타나 있듯이, **4개의 sp³혼성궤도가 서로에게 109.5**

그림 4-4-1 · sp³ 혼성궤도

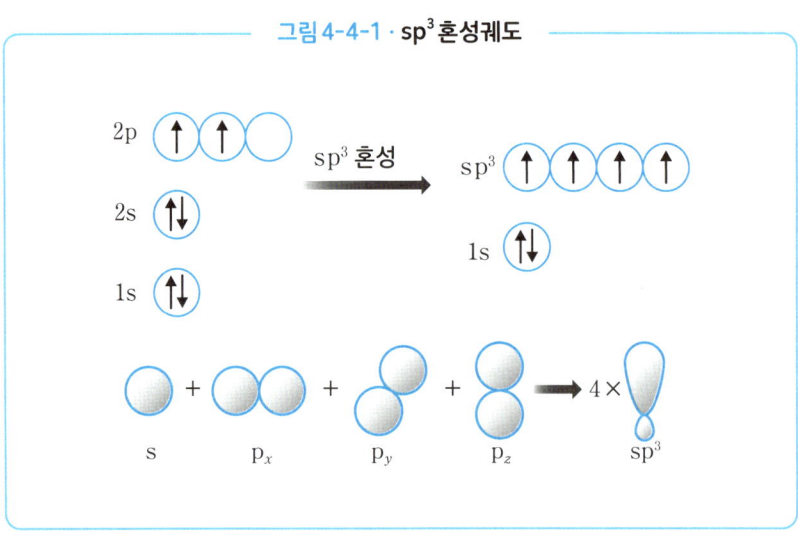

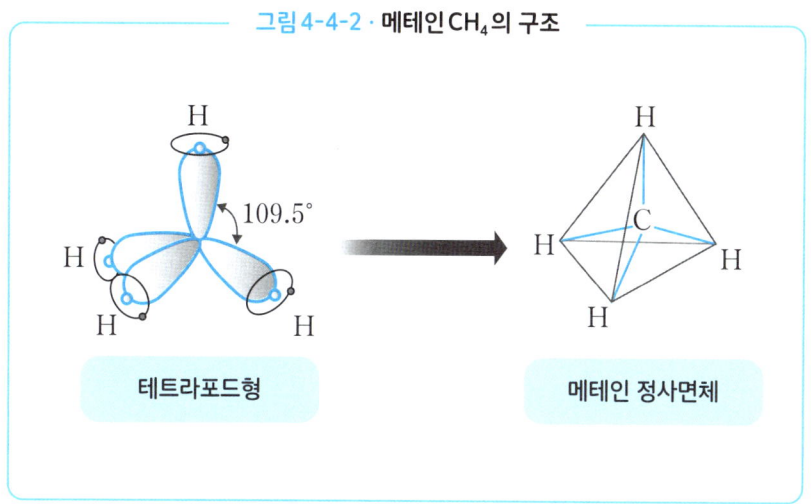

그림 4-4-2 · 메테인 CH$_4$의 구조

테트라포드형

메테인 정사면체

도의 각도를 이루게끔 배치되고, 그 결과 정사면체 형태를 형성한다는 사실입니다. 4개의 L껍질 전자는 4개의 혼성궤도에 하나씩 채워집니다.

● sp^{3}혼성궤도의 결합

sp^{3}혼성궤도를 사용한 대표적인 분자는 메테인CH$_4$입니다. 메테인의 경우 C의 sp^3 혼성궤도 4개에 H의 1s궤도가 겹쳐지게 됩니다.

C의 혼성궤도에 들어 있는 전자 1개와, H의 1s궤도에 있는 전자 1개가 짝을 이루어 결합 전자가 되므로 이 결합은 공유결합입니다.

그 결과, C-H 결합의 각도는 혼성궤도의 각도와 마찬가지로 109.5를 이루고, 메테인의 형태는 정사면체가 됩니다. 이는 해안에 늘어서 있는 방파제의 테트라포드와 비슷한 형태입니다.

몇 중 결합과 σ결합·π결합의 관계는?

—— 시스-트랜스 이성질체

공유결합은 복잡한 결합입니다. 잘 알려져 있듯이 공유결합에는 **단일결합, 이중결합, 삼중결합** 등이 있는데, 그 외에 **σ(시그마)결합**, **π(파이)결합** 등도 존재합니다. 그리고 '몇 중 결합'이라고 표현하는 결합은 σ결합과 π결합의 조합으로 이루어져 있습니다.

즉, '몇 중 결합'이라는 용어와 'σ결합, π결합'이라는 용어 사이에는 밀접한 관계가 있습니다. 아래의 문장은 그 점에 주의해 읽어주세요.

● C=C 이중결합을 구성하는 탄소의 sp²혼성궤도

유기화합물의 성질과 반응성에 큰 영향을 미치는 것은 C=C 이중결합입니다. 이 C=C 이중결합을 형성하는 궤도가 탄소의 **sp²혼성궤도**입니다.

sp²혼성궤도는 2s궤도 1개와 2p궤도 2개로 이루어진 혼성궤도로 '총 3개'가 생성되며, 각각 같은 평면상에서 서로 '120도의 각도'로 얽혀 있습니다.

따라서 그림4-5-1의 Ⓐ에 나타나 있듯이 3개가 있는 2p궤도 중 혼성궤도에 사용되는 것은 2개뿐이므로 1개는 2p궤도 그대로 남게 됩니다.

사실 이 **남은 2p궤도가 이중결합에 매우 중요한 역할을 맡게** 됩니다.

혼성에 관여한 궤도가 p_x와 p_y궤도라면, 이 궤도를 사용해 만든 sp²혼성궤도는 xy평면상에 존재하게 됩니다. 따라서 남은 p궤도는 p_z궤도지요.

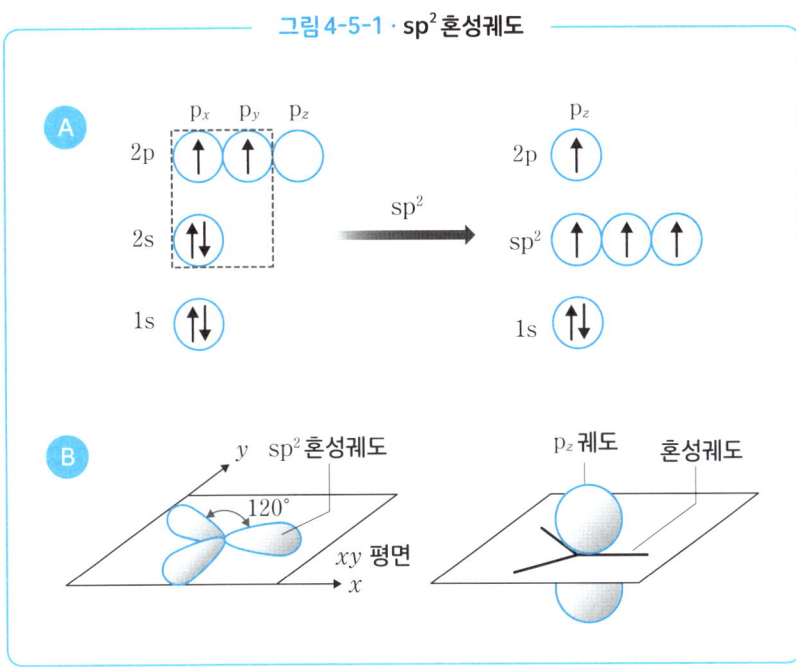

그림 4-5-1 · sp² 혼성궤도

즉, p_z궤도는 혼성궤도가 놓인 xy 평면을 수직으로 관통하고 있음을 의미합니다. 이 탄소를 ⓑ에 나타냈습니다.

● sp²혼성궤도의 결합: σ결합

sp²혼성 상태의 탄소가 형성하는 전형적인 화합물이 바로 에틸렌$H_2C=CH_2$입니다. 에틸렌의 모든 C-C, C-H 결합은 sp²혼성궤도로 이루어져 있지만, C-C 간의 결합만큼은 그 외에 p_z궤도와도 결합해 있습니다.

이처럼 C=C 이중결합은 sp²혼성궤도를 사용한 결합과 p_z궤도를 사용한 결합의 2종류가 중첩되어 이중으로 결합되어 있습니다. 그렇기 때문에 이중결합이라 불리는 것입니다.

그림4-5-2는 에틸렌의 모든 결합 중 sp²혼성궤도가 관여한 것만을 선별한 것입니다. 총 6개의 원자는 모두 동일한 평면상에 위치하고 있습니다.

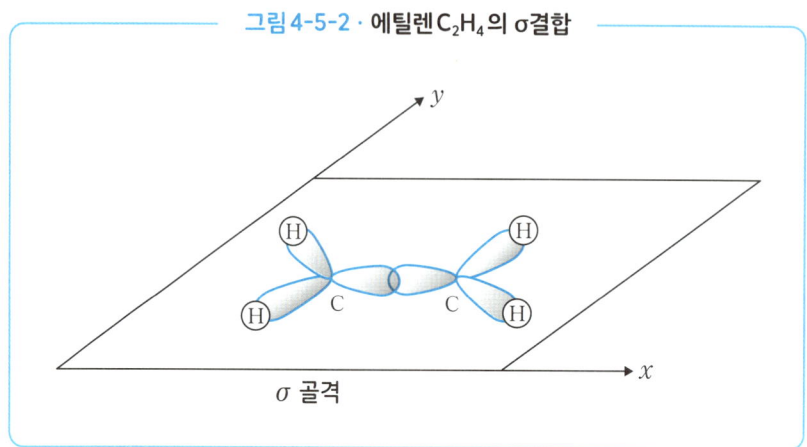

그림 4-5-2 · 에틸렌 C_2H_4의 σ결합

σ 골격

이제 C-H 결합을 살펴봅시다. 여기서 C를 고정하고 H를 회전시키더라도 결합에는 아무런 변화도 나타나지 않습니다. 이처럼 **회전시키더라도(비틀어도) 변화가 나타나지 않는 결합을 σ(시그마)결합**이라고 합니다.

그림4-5-2의 C-C 결합 역시 σ결합이고, 앞서 보았던 메테인의 C-H 결합, 수소 분자의 H-H 결합 역시 σ결합입니다.

이 그림처럼 분자의 σ결합 부분만을 뽑아낸 구조를 분자의 **σ골격**이라고 부르기도 합니다.

● 에틸렌의 π결합

그림4-5-3은 σ결합 부분에, 탄소에 남아 있는 $2p_z$궤도를 덧붙인 것입니다. 다만 알아보기 쉽게끔 σ결합은 직선으로 나타냈습니다.

경단꼬치처럼 생긴 $2p_z$궤도의 각 경단이 분자 평면의 위와 아래에서 서로 맞닿아 있다는 사실에 유의하세요. 이는 2개의 경단꼬치가 옆구리를 맞댄 채 딱 붙어 있는 것과 동일한 상태입니다.

이러한 결합을 **π(파이, pi)결합**이라고 합니다. π결합은 궤도의 중첩이 적기 때문에 σ결합에 비해 결합 에너지가 작은 약한 결합입니다.

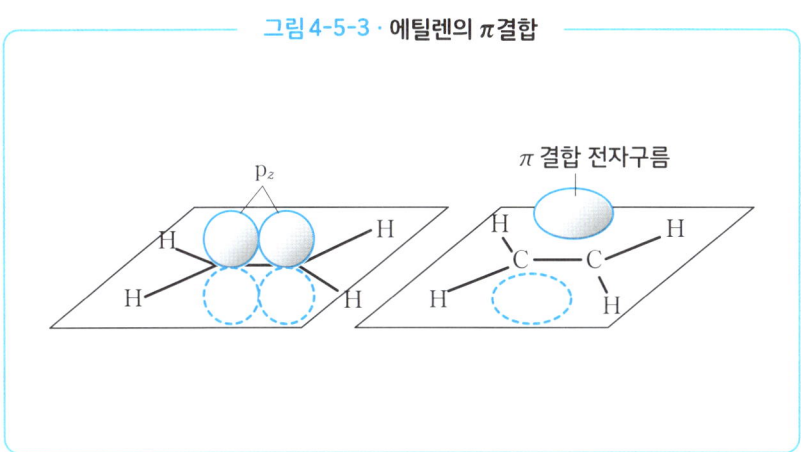

그림 4-5-3 · 에틸렌의 π결합

● 결합 회전이 불가능한 시스-트랜스 이성질체

에틸렌의 C=C 결합을 회전시키면 2개의 경단꼬치는 옆구리가 떨어지고 맙니다. 즉, π결합은 끊어지고 마는 것이지요.

이처럼 **π결합의 특징은 회전시키면 끊어져버리는, 다시 말해 회전할 수 없다는** 점입니다. 이중결합은 π결합을 포함하고 있으므로 이중결합 역시 결합 회전이 불가능합니다.

따라서 그림4-5-4의 두 화합물은 서로 다른 화합물로 간주됩니다. 같은 종류의 원자가 이중결합의 같은 방향에 늘어선 경우를 **시스체**, 반대쪽에 있는 경우를 **트랜스**

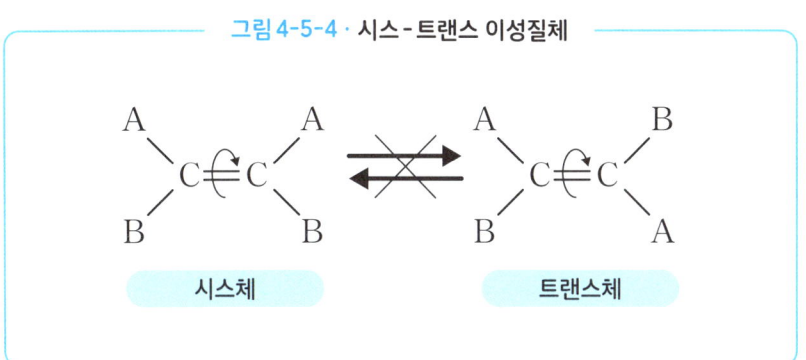

그림 4-5-4 · 시스-트랜스 이성질체

체라고 부르며, 이처럼 서로 위치가 다른 화합물을 **시스-트랜스 이성질체**라고 부릅니다.

● **공역 이중결합과 비국재화 π결합**

그림4-5-5의 화합물은 부타디엔C_4H_6입니다.

4개의 탄소 원자는 이중결합, 단일결합, 이중결합의 형태로 이중결합과 단일결합이 번갈아 배치된 구조를 하고 있습니다. 이러한 결합을 전체적으로 '**공역 이중결합**'이라고 부릅니다.

그림 오른쪽은 부타디엔의 구조 중, 탄소 골격 부분만을 골라낸 것입니다.

4개의 탄소 원자는 모두 sp^2혼성이므로, 각각의 탄소에는 p궤도가 존재합니다. 그

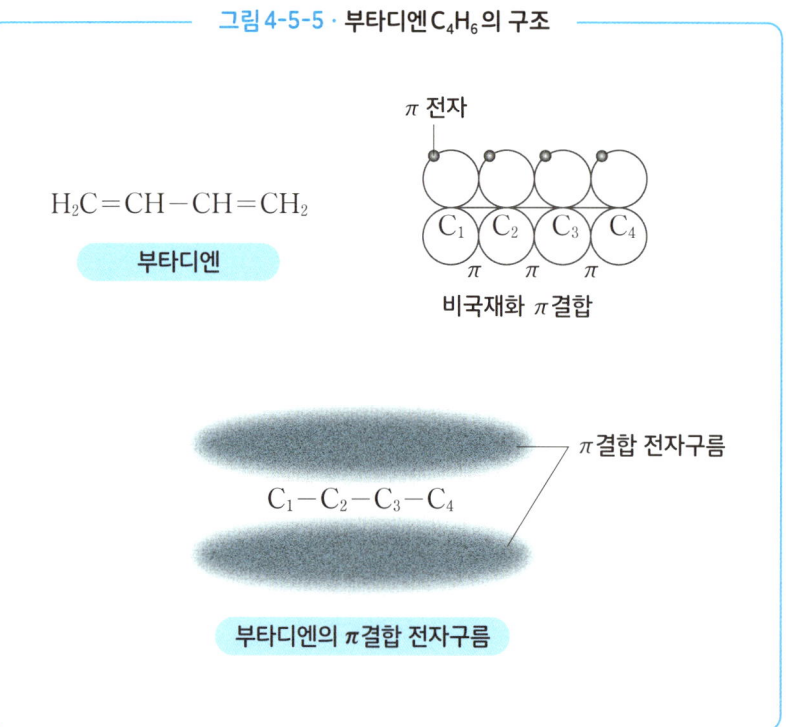

그림 4-5-5 · 부타디엔 C_4H_6의 구조

리고 이 p궤도는 서로 옆구리를 맞대고 있지요. 즉, 공역 이중결합을 구성하는 탄소는 모두가 σ결합과 π결합으로 연결되어 있음을 알 수 있습니다.

이는 공역 이중결합의 경우, 모든 탄소 사이에 π결합 전자구름이 퍼져 있음을 의미합니다. 이러한 π결합을 특히 '**비국재화 π결합**'이라고 부릅니다.

비국재화 π결합의 양 끝이 서로 연결되면 **고리 화합물**이 됩니다. 이러한 화합물을 일반적으로 **공역 고리 화합물**이라고 부릅니다. 유기화학 연구와 공업에서 빼놓을 수 없는 벤젠은 대표적인 공역 고리 화합물이지요.

공역 화합물은 흥미로운 반응성을 지녔지만 이에 대한 소개는 이 책의 범위에 포함되지 않습니다. 참고를 위해 일부지만 '부타디엔 유도체'의 반응을 제8장에서 소개하겠습니다.

양자 세계의 창문

실체와 공상

세상에는 실체와 공상이 있습니다. 실체는 눈으로 보고 손으로 만질 수 있습니다. 한편 공상은 볼 수도 만질 수도 없는, 오로지 머릿속으로 생각하고 상상하기만 가능한 환상에 불과하지요.

우리는 흔히 자신이 실체의 세계를 살아가고 있다고 생각합니다. 하지만 정말로 그럴까요? 우리는 실체의 세계와 공상의 세계라는 이중 구조의 세계 속에서 살아가고 있는 것은 아닐까요.

과학은 실체의 세계를 대상으로 한 학문이라 여겨지기 쉽습니다. 하지만 정말로 그럴까요? 예를 들어, 이 책에서 소개하는 내용은 모두 사실일까요? 우리는 하나의 원자를 눈으로 보고, 손으로 집을 수 있을까요?

유감이지만 그건 불가능합니다. '불확정성 원리'가 불가능하다고 말하고 있기 때문이지요. 원자를 눈으로 보려면 원자에 빛을 비추고, 반사된 빛을 눈으로 받아들여야만 합니다. 그런데 빛은 에너지입니다. 원자는 빛을 받자마자 다른 상태로 변화하고 맙니다.

이 책에서는 s궤도, p궤도, d궤도의 형태를 제시했지만 실제로 그런 형태를 본 사람은 아무도 없습니다. 단지 슈뢰딩거 방정식을 풀어내자 그러한 형태가 수학적으로 떠올랐을 뿐이지요. 그리고 그 식과 궤도를 이용해 원자, 분자의 물성, 반응을 예측했더니 놀라우리만치 들어맞았던 것입니다.

양자론이란 그런 이론입니다. 본질을 정확하게 파악할 수는 없어도 실험 결과와 놀라우리만치 잘 들어맞는 이론이지요. 슈뢰딩거 방정식에서 도출해낸 파동함수에 적당한 연산을 가하자 그 해답 역시 실험 결과와 정확히 맞아떨어졌습니다. 다만 그 해답이 어떠한 실험의 어떠한 결과와 일치하는지는 연구자가 생각하고, 판단하고, '해석'해야만 합니다. 제8장에서 소개할 '우드워드-호프만 법칙'은 그러한 '해석'에 성공한 하나의 사례입니다.

양자론에서는 파동함수가 실체(원자, 전자, 분자)의 대리를 맡고 있다고 생각하면 되겠습니다. 이 대리가 언제까지 적용될지는 모르겠지만, 아직 깨졌다는 이야기는 듣지 못했습니다. 한동안 양자론은 제1선에서 활약을 이어나갈 듯하네요.

제 5 장

소립자를 통해 보는 원자핵의 구조

원자의 구조와 원자핵의 구조

―― 전자구름·원자핵과 양성자·중성자

원자는 **전자구름**이라는 가볍고 폭신폭신한(밀도가 작은) 부분과, 여기에 에워싸이듯이 존재하고 있는 작고 무거운(밀도가 큰) 입자로 이루어져 있습니다. 이 작고 무거운 입자를 **원자핵**이라고 부릅니다.

　원자를 구성하는 전자(구름)는 스스로가 1개의 소립자이지만 원자핵은 소립자가 아니지요.

　전자와 원자핵은 둘 모두 고유한 반응을 갖고 있습니다. 하지만 원자핵의 반응은 **원자핵 반응**이라 불리는데, 특수하며 좀처럼 일어나지 않지만 그 대신 한 번 일어나면 막대한 에너지를 방출하기 때문에 일반적인 화학에서는 취급하지 않습니다.

　반면에 <u>일반적인 화학 반응은 전자(전자구름)만이 일으키는 반응으로, 원자핵은 일절 관여하지 않지요.</u>

　고등학교 화학에서는 원자나 전자에 대해서는 가르치지만 원자핵에 대해서는 거의 다루지 않습니다. 이는 원자의 성질이나 모든 화학 반응은 전자의 거동에 비롯한 것이며, 원자핵은 이른바 '화학 반응'에는 100%라 해도 무방할 정도로 관여하지 않기 때문입니다.

● **원자핵의 크기는 원자의 1만 분의 1**

원자는 매우 작은 물질입니다. 원자와 탁구공의 지름의 비율은 탁구공과 지구의 지

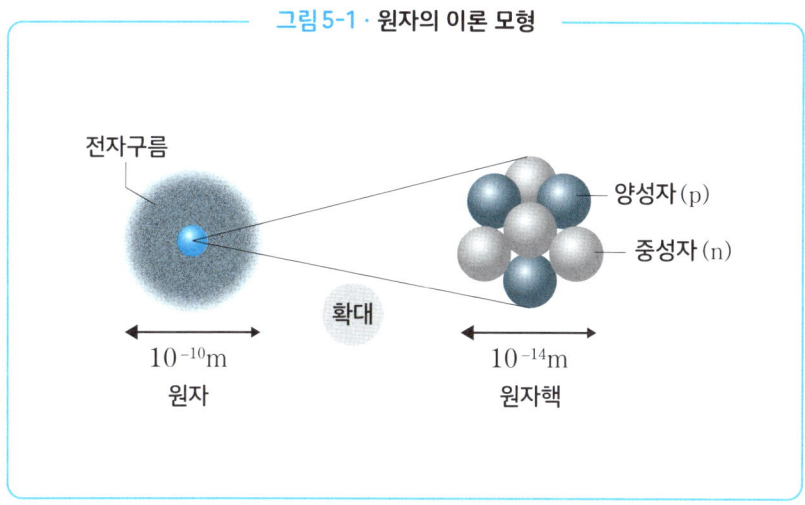

그림 5-1 · 원자의 이론 모형

름의 비율과 거의 동일하지요.

하지만 원자핵은 원자보다 한층 더 작은 물질입니다. 그 지름은 원자의 약 1만 분의 1입니다. 다시 말해 원자핵의 지름을 1cm라고 한다면 원자의 지름은 1만cm, 즉 100m가 되어버린다는 뜻입니다.

야구장 2개를 맞댄 거대한 찐빵을 원자라고 한다면 원자핵은 마운드 위에 굴러다니는 유리구슬 정도의 크기에 불과하지요.

하지만 **원자의 무게 중 99.9%는 원자핵의 무게**입니다. 원자핵을 작고 무겁다고 말한 것은 이러한 이유에서입니다.

● **원자핵을 이루는 물질**

원자가 전자구름과 원자핵으로 이루어져 있듯이, 원자핵 역시 다양한 물질로 이루어져 있습니다.

여기서는 원자핵을 이루는 주된 물질로서 **양성자**(기호p)와 **중성자**(기호n)를 꼽아보겠습니다.

양성자와 중성자는 뭉뚱그려 **핵자**라고 부르기도 하지만, 소립자는 아닙니다. 양성자와 중성자는 모두 3개씩의 소립자, 즉 **페르미 입자**인 쿼크가 모여서 이루어진 물질입니다. 쿼크는 전하를 갖고 있는데, 그 값은 위 쿼크 = $+\frac{2}{3}$, 아래 쿼크 = $-\frac{1}{3}$이므로, 양성자와 중성자의 전하는 각각 아래와 같습니다.

- 양성자: 위 쿼크 2개 + 아래 쿼크 1개

$$2 \times \frac{2e}{3} - \frac{e}{3} = e \text{ (전하=1)}$$

- 중성자: 위 쿼크 1개 + 아래 쿼크 2개

$$\frac{2e}{3} - 2 \times \frac{e}{3} = 0 \text{ (전하=0: 중성)}$$

이처럼 양성자와 중성자의 경우 서로 소립자의 종류는 다르지만 둘의 무게는 거의 동일합니다. 이것을 '**질량수 A가 모두 1이다**'라고 표현합니다.

하지만 전하에 관해서는 양성자와 중성자는 전혀 다릅니다. 1개의 양성자는 +1의 전하를 띠고 있지만 중성자는 전하를 갖지 않아 전기적으로 중성이지요.

그리고 양성자와 중성자를 끌어당기는 것은 **글루온**이라는 **게이지 입자**입니다.

원자핵을 어떻게 표현할까?

───── 원자번호 · 질량수 · 동위원소

원자를 나타내는 기호로 원소기호가 있었습니다. 이와 비슷한 기호가 원자핵에도 있습니다. 다만 이는 **원소기호에 작은 글자를 덧붙인 것뿐**이지요.

● **원자번호 Z와 질량수 A**
원자핵을 구성하는 양성자의 개수를 그 원자의 '원자번호'라고 하며, 기호 Z로 나타냅니다. 따라서 **원자번호 Z의 원자의 원자핵은 전기적으로 +Z만큼의 전하를 띤다**는 말이 됩니다.

그리고 원자는 원자번호와 동일한 개수의 전자로 이루어진 전자구름을 갖고 있습니다. 전자 1개의 전하는 −1이므로, **원자번호 Z의 원자가 지닌 전자구름의 전하는 −Z**가 됩니다. 따라서 원자는 원자핵의 전하와 전자구름의 전하가 상쇄되어 전기적으로 중성이 되는 것입니다.

한편, **양성자와 중성자의 개수의 합을 '질량수'**라고 하는데, 기호 A로 나타냅니다. 따라서 질량수에서 원자번호를 빼면 중성자의 수가 됩니다.

원자번호는 원소기호의 왼쪽 하단, 질량수는 원소기호의 왼쪽 상단에 작게 덧붙여서 쓰기로 약속이 되어 있습니다.

즉, ^{3}H나 ^{131}I, ^{235}U에서 원소기호의 왼쪽 위에 쓰인 숫자는 질량수입니다.

일반적인 화학처럼 원자의 화학반응을 다룰 때에는 원자번호 Z가 중요합니다. 하

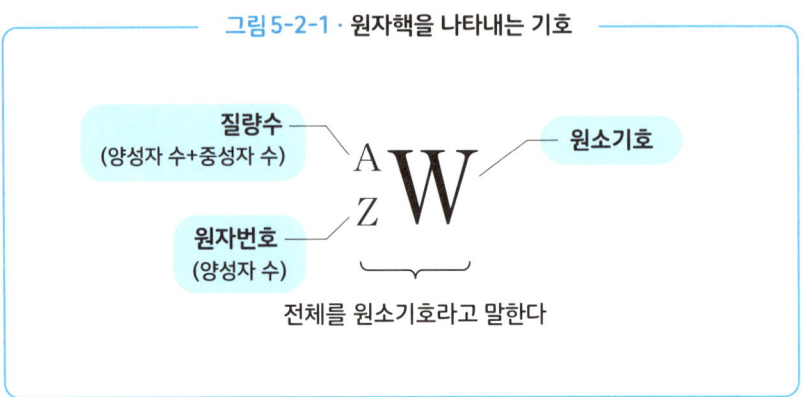

그림 5-2-1 · 원자핵을 나타내는 기호

전체를 원소기호라고 말한다

지만 **원자핵의 반응을 다룰 경우에는 질량수가 매우 중요한 역할을 맡습니다.**

원소기호를 알고 있으면 원자번호는 자명해집니다. 하지만 같은 원소에 속한 원자라도 질량수가 다른 원자가 있는데, 원자핵 반응의 경우에는 이 질량수가 매우 중요한 역할을 수행합니다. 따라서 **원소기호에는 질량수는 명기하지만 원자번호는 생략하는 것이 보통입니다.** 만약 알고 싶다면 주기율표를 확인해주세요.

● **동위원소의 화학적 성질은 완전히 동일하다**

원자번호 Z가 같으며 질량수 A가 다른 것을 서로 간에 '**동위원소**'라고 표현합니다.

무겁고 듬직한 원자핵은 자못 원자의 주인과도 같은 얼굴(?)을 하고 있지만 사실 원자의 성질이나 반응성을 지배하는 요소는 원자핵이 아닌 전자입니다. 따라서 **원자번호가 같은 동위원소는 같은 전자구름을 갖고 있다는 말이 되므로 그 화학적 성질은 완전히 동일**합니다.

예를 들어, 수소는 원자번호가 1이지만, 3종의 동위원소가 있습니다. 즉, 질량수 1(중성자 수 0개)의 (경)수소^{1}H, 질량수 2(중성자 수 1개)의 중수소(듀테륨)^{2}H(D), 그리고 질량수 3의 삼중수소(트리튬)^{3}H(T), 이렇게 3종이지요.

일반적인 수소 안에는 이 3종의 수소가 특정한 비율로 섞여 있습니다.

이 수소 동위원소 3종의 화학적 성질이나 화학 반응성은 완전히 동일합니다. 따라

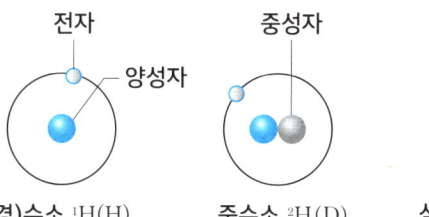

원소명	수소			탄소		산소		염소		우라늄	
기호	^{1}H(H)	^{2}H(D)	^{3}H(T)	^{12}C	^{13}C	^{16}O	^{18}O	^{35}Cl	^{37}Cl	^{235}U	^{238}U
양성자 수	1	1	1	6	6	8	8	17	17	92	92
중성자 수	0	1	2	6	7	8	10	18	20	143	146
존재도(%)	99.98	0.015		98.89	1.11	99.76	0.20	75.53	24.47	0.72	99.28
원자량	1.008			12.01		16.00		35.45		238.0	

서 화학적 성질의 차이를 사용해 이 동위원소들을 분리하기란 불가능합니다.

하지만 ^{1}H와 ^{2}H의 경우는 무게가 2배 차이이므로 물리적인 성질, 즉 **운동 속도나 결합의 진동 강도 등은 다릅니다.** 따라서 이러한 운동성을 이용해 분리하는 것은 가능합니다.

원자핵의 구조는 어디까지 밝혀졌을까?

—— 원자핵 물리학의 '마법수'란

원자는 1개의 원자핵과 여러 개의 전자로 이루어진 역학계입니다. **원자핵과 전자 사이에 작용하는 힘은 서로 다른 전하에 바탕을 둔 힘**(화학에서는 정전기적 인력, 소립자론에서는 전자기력이라고 표현합니다)입니다.

하지만 양자론에 따르면 원자핵과 전자 사이에는 복잡한 관계가 생겨나고, 그 결과 원자는 앞서 보았듯이 복잡한 전자 구조를 갖게 되었습니다.

원자핵 또한 2종류의 핵자, 다시 말해 여러 개의 양성자와 여러 개의 중성자로 이루어진 역학계입니다. 그렇다면 양성자와 중성자 모두 단순히 소립자인 글루온의 힘에 의해 모여서 원자핵을 이루는 것이 아니라, 원자처럼 어떠한 구조를 갖고 있지는 않을까요?

● **원자 물리학의 '마법수'란?**

원자핵이 원자처럼 어떠한 구조를 갖고 있는지, 아니면 구조는 없으며 단순히 2종류의 핵자가 모인 집합체인지는 모두가 한 번쯤 품어본 의문입니다. 하지만 20세기 중반까지는 원자핵에 구조는 없다고 여겨져 왔지요.

그건 원자핵에 관한 각종 실험 결과들이 이 무(無)구조 모형을 지지하고 있었기 때문입니다. 실제로 원자폭탄이 완성되었을 무렵에는 무구조 모형이 주류를 이루고 있었고, 그 모형을 전제로 원자폭탄이 만들어지며 어느 정도의 성공을 거두었습니다.

하지만 이후, 원자핵에 대한 연구가 진행되면서 '**마법수**(magic number)'라는 숫자가 있다는 사실이 밝혀졌습니다. 마법수란 원자핵 물리학에서 **원자핵이 특히 안정되는 양성자와 중성자의 개수**를 말합니다.

현재, **널리 인정되고 있는 마법수는 2, 8, 20, 28, 50, 82, 127, 이렇게 7개**로, 원자번호가 여기에 해당하는 원소는 원자번호가 마법수와 인접한 다른 원소들에 비해 **많은 안정동위원소를 갖고 있다**는 사실이 알려져 있습니다.

또한 중성자 수가 마법수에 해당하는 **동중성자원소**에서도 마찬가지입니다.

예를 들어, 원자핵에서 1개의 중성자를 떼어내는 데 필요한 에너지는 중성자 수가 각 마법수에서 각각 1개 증가했을 때 극솟값을 가집니다.

이러한 현상은 원자핵이 어떠한 구조를 갖고 있지 않으면 나타나지 않는 현상입니다. 따라서 현재는 **원자핵에도 구조가 있다는 설이 유력**하게 받아들여지고 있으며, 그 구조의 구체적인 사항은 아직 밝혀지지 않았습니다.

● **원자핵에서 성립될 수 있는 구조란?**

원자를 구성하는 입자 사이에 정전기적 인력이 작용했듯, **원자핵을 구성하는 핵자 사이에도 힘이 작용합니다.**

이는 양전하를 지닌 양자 사이에서 작용하는 **정전기적 척력**(반발하는 힘)과 모든 핵자 사이에 작용하는 '**핵력**'입니다. 이 조건들을 기반으로 다양한 가능성을 고려하면 원자핵의 구조로 다음의 3종류가 떠오르게 됩니다.

ⓐ **액적 모형**

액적 모형이란 원자핵을 액체 상태의 물방울로 설명하는 이론으로, 원자핵의 결합에너지를 합리적으로 설명할 수 있습니다.

이 모형에서는 양성자와 중성자를 결합시키는 핵력의 도달 거리가 매우 짧다는 사실이 기본적인 전제입니다. 따라서 핵자는 서로 인접한 것끼리만 동시에 상호작용이 이루어집니다.

그 결과, **핵자의 집합체는 일종의 액체로 간주할 수 있게** 되지요.

이 이론의 경우, 원자핵의 **들뜬 상태**(에너지가 높은 상태)는 액체의 표면이 진동한 결과로 해석할 수 있으며, 핵분열 현상은 액체의 표면장력과 **쿨롱 반발력**(2개의 하전입자 간에 작용하는 반발력)의 균형이라는 관점에서 설명할 수 있습니다.

하지만 마법수를 설명하기란 곤란합니다.

ⓑ α클러스터 모형

α클러스터란 이후에 알아볼 방사선의 일종인 α선에서 붙은 이름입니다.

α선, α클러스터란 헬륨 원자핵 ^{4}He를 말하는 것으로, 양성자와 중성자 각각 2개로 이루어진 핵자 집단입니다. 즉, Z = 2, A = 4의 집단(클러스터)이지요.

이 클러스터가 2개 모이면 Z = 4, A = 8의 베릴륨 ^{8}Be이 되고, 3개가 모이면 Z = 6, A = 12의 탄소 ^{12}C가 됩니다. 그리고 4개가 모이면 Z = 8, A = 16의 산소 ^{16}O가 되지요.

α클러스터 모델의 경우, 원자핵은 이러한 클러스터가 잔뜩 모인 결과물로 받아들여집니다.

ⓒ 껍질 모형

현재 제시된 모형 중에서 가장 구조적인 모형이 이 **껍질 모형(껍질 구조)**입니다.

이 모형은 원자에서의 전자껍질과 유사한 구조를 원자핵 속의 핵자들(양성자, 중성자)에 대해서도 적용해본 것입니다.

그리고 이 또한 전자껍질의 경우와 마찬가지로, 껍질이 '닫힌' 상태는 안정성이 높아 붕괴나 핵분열이 잘 일어나지 않는다고 봅니다.

계산에 따르면 닫힌 껍질 상태에서 핵자의 개수는 마법수와 일치한다는 사실이 밝혀진 바 있습니다.

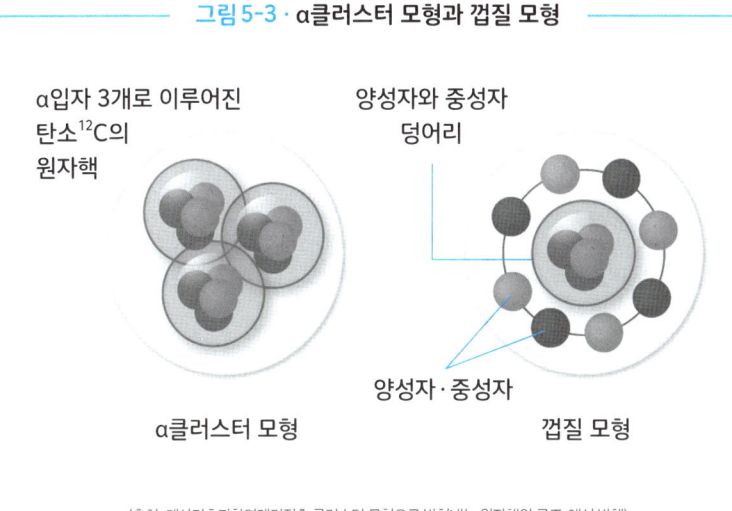

그림 5-3 · α클러스터 모형과 껍질 모형

(출처: 계산기초과학연계거점 『α클러스터 모형으로 밝혀내는 원자핵의 구조』에서 발췌)

5-4 원자핵의 양성자와 중성자를 결합시키는 결합 에너지

―― 방사성 동위원소

원자핵은 양성자와 중성자로 이루어져 있습니다. 그리고 둘을 연결시켜주는 **결합 에너지**가 존재하지요. 결합 에너지가 크면 원자핵은 안정되고, 작으면 불안정해진다고 여겨집니다.

그림5-4-1은 원자핵의 안정성을 나타낸 그래프입니다. 그림의 세로축은 에너지입니다. 다만 이러한 그래프에서 결합 에너지는 으레 음수로 표시되어 있습니다.

즉, 그래프의 윗부분은 결합 에너지가 작고, 아래 부분은 결합 에너지가 크다는 뜻이지요.

왜 이렇게 이해하기 힘들게 만들어놓은 걸까요. 그래야 위치 에너지와 동일하게 생각할 수 있기 때문입니다. 다시 말해 그래프의 윗부분에 있는 것은 에너지가 높으며 불안정하고, 아래 부분에 있는 것은 에너지가 낮으며 안정적이라는 뜻이지요.

● **안정성이 높은 원자핵의 질량수**

이 그래프의 가로축은 질량수 A를 나타내고 있으며, 극소점이 존재합니다. 즉, 다양한 원자핵 중에서도 가장 안정적인 원자핵이 존재한다는 뜻입니다.

그 원자핵은 바로 질량수가 60 근처인 원자입니다. 이는 철Fe과 니켈Ni의 동위원소에 해당합니다.

즉, 질량수 60 정도의 원자핵이 가장 안정적이며, 수소($A=1$)처럼 그보다 작더라도,

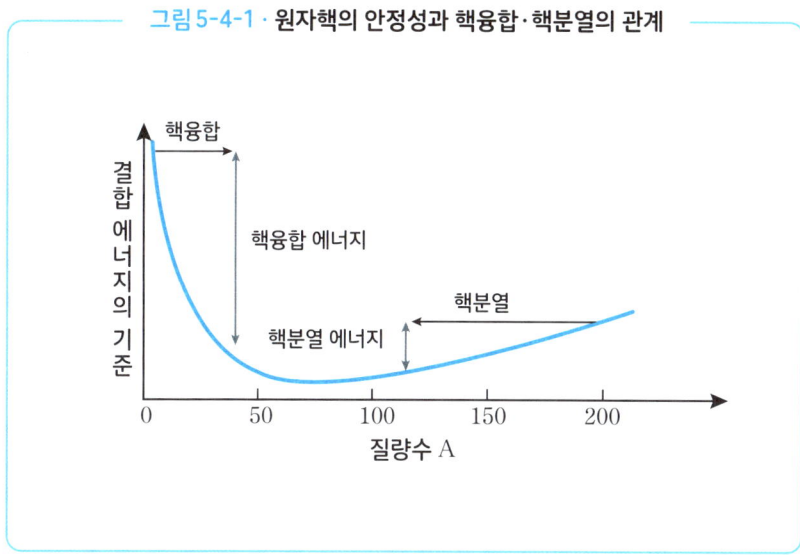

그림 5-4-1 · 원자핵의 안정성과 핵융합·핵분열의 관계

또한 우라늄(A=238)처럼 크더라도 불안정합니다.

이러한 사실은 **핵분열**(원자폭탄이나 현재의 원자로)이나 **핵융합**(수소폭탄이나 훗날의 핵융합로)이 에너지를 생산할 수 있음을 뒷받침하고 있습니다.

● **방사성 동위원소란**

모든 원자핵은 **동위원소**를 갖습니다. 수소처럼 작은 원소라도 3종류의 동위원소를 갖고 있지요. 하지만 이는 지구상에 존재하는 동위원소로, 우주 전체로 따지자면 수소의 동위원소의 종류는 7종류, 혹은 11종류라고도 합니다.

동위원소에는 안정적이어서 자발적인 원자핵 반응을 일으키지 않는 동위원소와 자발적으로 원자핵 반응을 일으켜서 '**방사선**'을 방출해 다른 원자핵으로 변화하는 동위원소가 있습니다.

전자를 '**안정 동위원소**', 후자를 '**방사성 동위원소**'라고 합니다.

수소의 경우, ^1H와 ^2H는 안정 동위원소지만 ^3H는 방사성 동위원소로, **γ(감마)선**이라는 방사선(X선과 같은 전자파)을 방출해 헬륨He의 동위원소인 ^3He로 변화합니다.

ⓐ 동위원소의 안정성

같은 개수의 양성자를 갖고 있어서 원자번호Z가 동일한 원자라도 동위원소에 따라 중성자의 개수가 달라질 수 있습니다. 이로 인해 질량수가 달라지며, 질량수가 달라지면 그림5-4-1의 그래프에서 알 수 있듯이 원자핵의 안정성이 달라지죠.

이 **안정성의 차이가 방사성의 여부를 결정짓는 핵심 요소**가 됩니다. 즉, 불안정한 동위원소는 방사성을 가지며, 이를 방사성 동위원소라고 부르는 것입니다.

방사성 동위원소란 원자핵이 불안정하기 때문에 '**방사선을 방출해 안정적인 원자핵으로 변화하려는 원자핵**'을 의미합니다. 따라서 같은 원소 중에서도 동위원소에 따라 안정적인 것과 불안정한 것이 있습니다.

수소의 경우 ^{3}H가 방사성이며, 탄소의 경우에도 ^{14}C가 방사성으로, γ선을 방출해 질소 ^{14}N로 변화합니다.

ⓑ 질량수가 큰 원자는 불안정

일반적으로 **질량수가 큰 원자는 방사성**인 경우가 많으므로 원자번호가 큰 원자에서는 모든 동위원소가 방사성을 띠게 됩니다.

그 전형적인 사례가 원자번호 92번 이후의 원자입니다. 일반적으로는 **초우라늄 원소**라고 불리는 무리의 원소들이지요. 초우라늄 원소에는 원자번호 93번인 넵투늄부터 원자번호 103번인 로렌슘이 있습니다.

이 원소들은 지나치게 큽니다. 따라서 탄생하자마자 작고 안정적인 원자로 분열해 버리기 때문에 자연계에서는 존재할 수 없지요. 주기율표에 기재된 원자번호 93에서 118까지의 원소는 인간이 원자로 등을 이용해 의도적으로 만들어낸 인공원소입니다.

따라서 방사성 동위원소의 수명을 나타내는 '**반감기**'가 대단히 짧아서, 짧은 것은 몇 천 분의 1초라는 단시간 만에 붕괴되고 맙니다. 일본에서 만들어낸 인공원소인 니호늄 ^{278}Nh의 반감기는 0.24밀리(0.00024)초밖에 되지 않지요.

그림 5-4-2 · 인공원소 중 초우라늄 원소

| 93Np 넵투늄 (237) | 94Pu 플루토늄 (239) | 95Am 아메리슘 (243) | 96Cm 퀴륨 (247) | 97Bk 버클륨 (247) |
| 98Cf 캘리포늄 (252) | 99Es 아인슈타이늄 (252) | 100Fm 페르뮴 (257) | 101Md 멘델레븀 (258) | 102No 노벨륨 (259) | 103Lr 로렌슘 (262) |

ⓒ 안정적인 방사성 동위원소도 있다?

지금까지 안정 동위원소라고 여겨져 왔는데 알고 보니 방사성 동위원소였다는 사례도 있습니다.

비스무트 $_{83}$Bi의 동위원소 ^{209}Bi는 안정 동위원소라고 여겨졌지만, 2003년에 α붕괴를 일으킨다는 사실을 발견했습니다.

붕괴에 의해 α입자(^{4}He의 원자핵)를 방출해 탈륨의 동위원소 ^{205}Tl로 변환되는 것이지요. 그 반감기는 무려 약 1.9×10^{19}년(1900경 년)으로, 이는 현재 추정되는 우주의 나이(138억 년)보다 10억 배 이상이나 깁니다.

반감기가 이만큼 길다면 변화를 검출하기란 쉬운 일이 아닙니다. 훗날 관측 기술이 향상된다면 혹시 현재 안정 동위원소라고 여겨지는 원자핵의 대부분이 사실 알고 보니 방사성이었다고 밝혀질지도 모르겠네요.

양자 세계의 창문

방사선의 효과적인 이용

방사선을 효과적으로 이용한 사례를 살펴보겠습니다.

· X선 촬영과 방사선

X선은 방사선의 일종으로 볼 수 있습니다. X선 촬영은 명백히 방사선에 따른 외부 피폭이지요. 다만 그 피폭량은 미미하기 때문에 건강에 문제가 생기지는 않습니다.

· 중입자선과 암 치료

최근 양성자나 탄소C, 네온Ne 등의 원자핵을 가속시킨 **중입자선**이라 불리는 것이 주목을 받고 있습니다. 이것들은 에너지와 방향을 세심하게 제어해 체내에 도달하는 방향과 깊이를 조절할 수 있습니다. 이를 이용해서 암세포를 직접적으로 공격해 박멸해버리는 방식이지요.

· 식품 보존

일본에서는 음식물을 살균하기 위해 방사선을 이용하는 것이 금지되어 있기 때문에 식품 보존에 이용할 수 없습니다. 하지만 감자의 보존에는 이용되고 있습니다.

보존 중인 감자에 싹이 나면 그 부분에서 솔라닌이라는 유독 물질이 만들어집니다. 따라서 감자에 방사선을 쬐여서 싹을 틔우는 기능을 상실시키는 것입니다.

방사선에는 어떠한 것이 있을까?

—— α선·γ선·중성자선·양자선의 성질

원자핵이 일으키는 반응을 일반적으로 **원자핵 반응**이라고 합니다. 원자핵 반응과 관련해 '방사성 물질', '방사선', '방사능' 등의 용어가 일반적으로 사용되고 있지만, 오용되는 경우가 많은 듯합니다. 확실하게 다시 짚어두도록 하겠습니다.

● **방사능과 야구의 관계**

이 용어들은 야구에 비유하면 이해하기 수월합니다.

  방사성 물질, 방사성 원자, 방사성 동위원소 등, '방사성'이라는 용어가 이름에 붙는 것은 야구로 말하자면 투수입니다. 투수는 공을 던집니다. 타자가 데드볼을 맞으면 부상을 당합니다. 자칫하면 목숨을 잃게 되는 경우도 있지요. 이 공이 바로 '**방사선**' 입니다.

  그렇다면 '**방사능**'이란 무엇일까요? 이름에서 알 수 있듯이 '능력'입니다. 무슨 능력인가 하면, 투수로서의 능력이지요. 즉, '방사선'을 방출하는 능력을 말합니다.

  따라서 '방사성 ○○'는 모두 방사능을 갖고 있다는 뜻이 됩니다. 능력이기 때문에 물질은 아니지요. 따라서 **'방사능 그 자체'가 사람에게 위해를 끼치는 일은 없습니다.**

● **방사선의 종류**

방사선은 **방사성 물질**이 내뿜는 것으로, 매우 위험하지만 눈에 보이지 않습니다. 몸

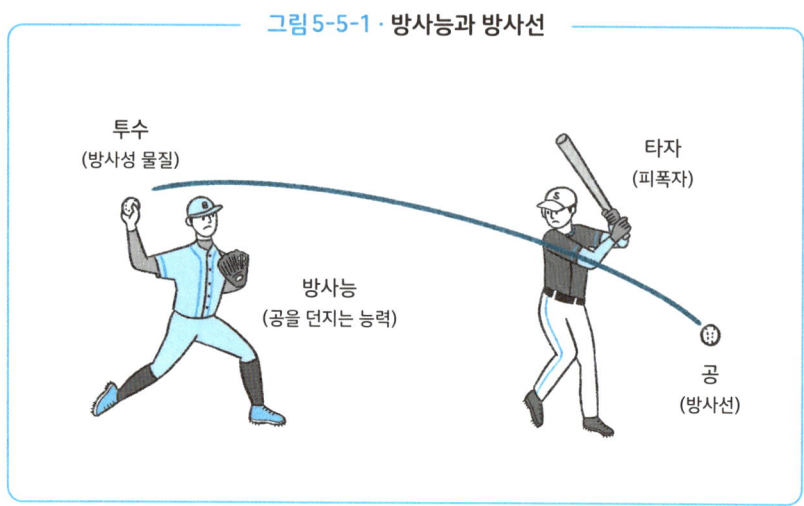

그림 5-5-1 · 방사능과 방사선

에 맞더라도(쬐더라도) 그때는 눈치챌 수 없지요. 피해는 이후 아무도 모르게 나타납니다.

방사선에는 몇 가지 종류가 있습니다. 주된 방사선을 알아봅시다.

ⓐ α선

고속으로 날아다니는 헬륨 ^{4}He의 원자핵(α입자)입니다. 잘 알려진 방사선 중에서는 가장 크고 무겁습니다.

원자핵 반응의 세계에서 말하는 고속이란 고속열차의 속도에 비할 수준이 아닙니다. 광속의 몇 분의 1에 해당하는 속도지요.

α입자는 크고 무거운 데다 전하를 갖고 있기 때문에 생명체에 큰 피해를 가합니다. 하지만 동시에 간단히 막을 수 있지요. 에너지에 따라 다르지만 알루미늄박 정도로도 막을 수 있다고 합니다.

ⓑ β선

전자의 빠른 흐름입니다. 물질을 투과하는 힘은 강하지 않으므로 두께 몇 mm 정도

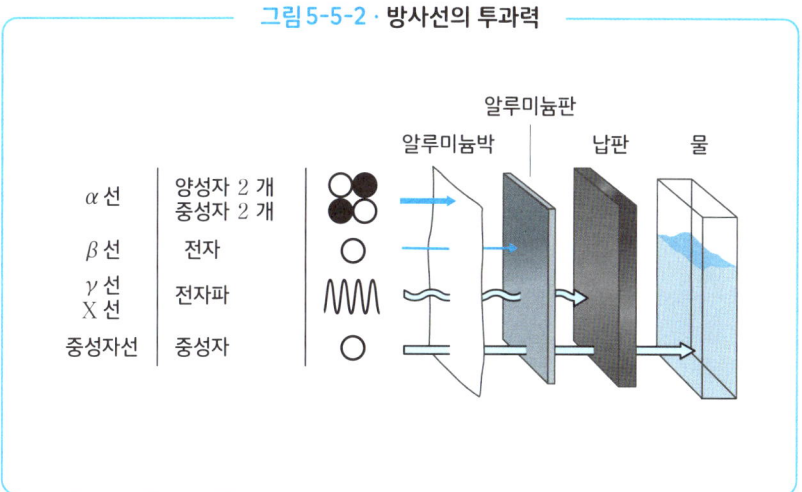

그림 5-5-2 · 방사선의 투과력

의 알루미늄판이나 두께 1cm 정도의 플라스틱판으로 막을 수 있다고 합니다.

하지만 물질에 부딪치면(충돌하면) X선을 방출하므로 그 또한 방어해야 합니다.

ⓒ **γ선**

$α$선과 $β$선은 입자지만 **γ선은 전자파**입니다. 자외선이나 X선과 같은 부류지만 그보다 훨씬 에너지가 강하기 때문에 위험합니다.

전자파이기 때문에 투과력이 강해 콘크리트, 철, 납판 등으로 방어해야 합니다. 납이 가장 효과적이지만 그마저도 10cm 정도 두께가 필요하다고 합니다.

ⓓ **중성자선**

중성자의 빠른 흐름입니다. 중성자는 전기적으로 중성이기 때문에 모든 물질 속을 자유롭게 지나갈 수 있습니다. 따라서 막기가 곤란하지요.

이를 막으려면 두께 1m 이상의 납판이 필요한데, 뜻밖에도 물이 효과적으로 막아줍니다. 따라서 이후에 알아볼 원자로에서 다 쓴 핵연료는 냉각을 겸해 물속에 보관합니다.

ⓔ **양성자선**

양성자의 빠른 흐름입니다. 의료 현장에서 암 치료 등에 사용되는 '유용한' 방사선입니다.

그 외에 탄소C, 네온Ne과 같은 원자핵의 빠른 흐름을 **중입자선**이라고 합니다. 중입자선은 암 치료 등에 최근 주목을 받고 있지요.

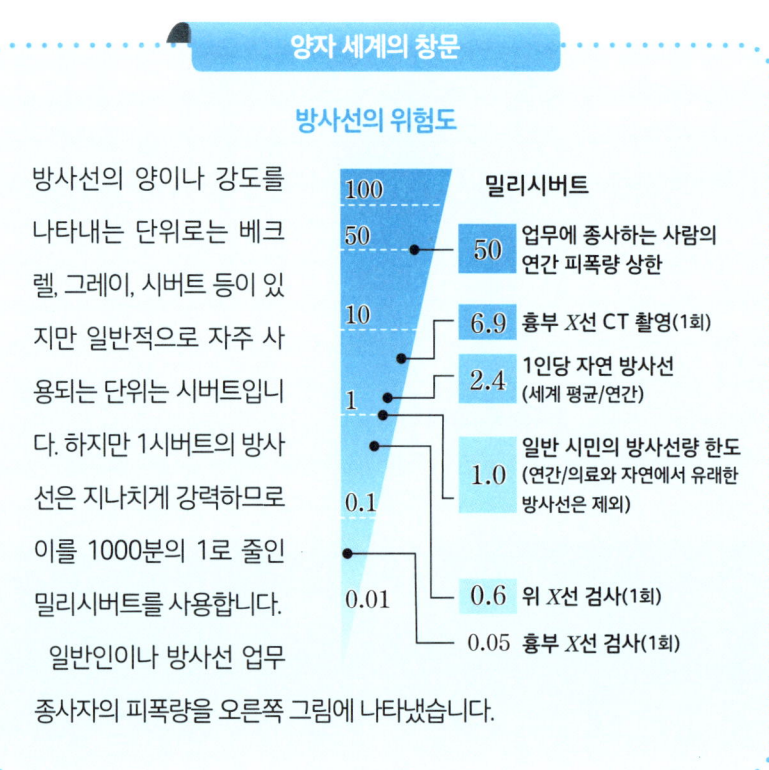

양자 세계의 창문

방사선의 위험도

방사선의 양이나 강도를 나타내는 단위로는 베크렐, 그레이, 시버트 등이 있지만 일반적으로 자주 사용되는 단위는 시버트입니다. 하지만 1시버트의 방사선은 지나치게 강력하므로 이를 1000분의 1로 줄인 밀리시버트를 사용합니다.

일반인이나 방사선 업무 종사자의 피폭량을 오른쪽 그림에 나타냈습니다.

밀리시버트
- 50 : 업무에 종사하는 사람의 연간 피폭량 상한
- 6.9 : 흉부 X선 CT 촬영(1회)
- 2.4 : 1인당 자연 방사선 (세계 평균/연간)
- 1.0 : 일반 시민의 방사선량 한도 (연간/의료와 자연에서 유래한 방사선은 제외)
- 0.6 : 위 X선 검사(1회)
- 0.05 : 흉부 X선 검사(1회)

제 6 장

원자핵 반응과 우주를 생성한 에너지

원자핵은 어떻게 다른 원자핵으로 변화할까?

—— 원자핵 반응 · 원자핵 붕괴

원자핵이 일으키는 반응을 **원자핵 반응**이라고 합니다. 원자핵 반응을 설명하는 원자핵 반응식에서 중요한 것은 원소뿐 아니라 동위원소도 구별해야 한다는 점입니다. 그리고 그러기 위해서는 **질량수를 표시**하는 것이 중요하지요.

● **원자핵 반응의 규칙**

탄소 원자C와 산소 분자O_2가 반응해 이산화탄소CO_2와 열(에너지)E을 발생시키는 반응의 반응식(**열화학 방정식**)은 아래와 같이 나타냅니다.

$$C + O_2 \rightarrow CO_2 + E$$

이 식은 좌변의 물질이 우변으로 변화함을 나타내고 있습니다. 그리고 좌변에 있는 원자의 종류와 개수는 고스란히 우변으로 옮겨와 있습니다. 그런 의미에서 '**물질 불멸의 법칙**'이 성립되어 있지요.

에너지 E는 원자 간 결합 에너지의 증감에 따라 방출된 것입니다.

원자핵 반응 역시 동일합니다. 원자핵 A가 분열해 원자핵 B와 C로 변했다고 가정한다면 그 원자핵 반응식은 그림6-1-1의 식이 됩니다.

여기서 a, b, c, d 등의 소문자는 원자번호와 질량수를 나타냅니다. 즉, 원자핵 반응

> **그림 6-1-1 · 원자핵 반응식**
>
> $$^{a}_{b}A \longrightarrow {}^{c}_{d}B + {}^{e}_{f}C + E$$
>
> $$\begin{pmatrix} a = c + e \\ b = d + f \end{pmatrix}$$

의 경우, 반응 전후를 통틀어 **원자번호의 총수와 질량수의 총수는 보존된다**는 뜻이지요.

● 원자핵 붕괴를 나타내는 식

원자핵이 방사선을 방출하며 다른 원자핵으로 변화하는 반응을 일반적으로 **원자핵 붕괴(반응)**라고 합니다. 원자핵 붕괴에는 방출되는 방사선에 따라 α붕괴, β붕괴, γ붕괴 등이 있습니다.

ⓐ α붕괴

α선을 방출하는 붕괴입니다. α선은 ^{4}He의 원자핵이므로 질량수 4, 원자번호 2입니다.

붕괴하는 원자핵은 이 입자를 방출하기 때문에 **생성 원자핵**은 본래의 원자핵보다 질량수가 4, 원자번호가 2만큼 작아지게 됩니다(그림6-1-2 식1).

ⓑ β붕괴

β선(전자)을 방출하는 붕괴입니다. 전자는 질량수=0이며, 전하는 양성자가 +1인 반면 -1이기 때문에 원자번호=-1로 생각할 수 있습니다.

β붕괴의 경우 이러한 입자가 빠져나가는 현상이므로 생성 원자핵은 본래의 원자

그림 6-1-2 · 원자핵 붕괴를 나타내는 식

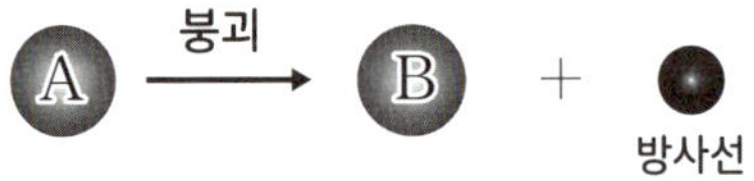

$A \xrightarrow{붕괴} B + $ 방사선

$${}^{A}_{Z}A \xrightarrow{\alpha} {}^{A-4}_{Z-2}B + {}^{4}_{2}He \quad (\alpha 선) \quad (식1)$$

$${}^{A}_{Z}A \xrightarrow{\beta} {}^{A}_{Z+1}C + {}^{0}_{-1}e \quad (\beta 선) \quad (식2)$$

$$\left({}^{1}_{0}n \xrightarrow{\beta} {}^{1}_{1}p + {}^{0}_{-1}e + \overline{\nu}_e \right) \; (\overline{\nu}_e : 반전자\ 중성미자) \quad (식3)$$

$${}^{A}_{Z}A \xrightarrow{\gamma} {}^{A}_{Z}A^{*} \xrightarrow{붕괴} D+ \quad (\gamma 선) \quad (식4)$$
준안정핵

$${}^{A}_{Z}A \xrightarrow{n} {}^{A-1}_{Z}A + {}^{1}_{0}n \quad (중성자선) \quad (식5)$$

$${}^{A}_{Z}A \xrightarrow{p} {}^{A-1}_{Z-1}E + {}^{1}_{1}p \quad (양성자선) \quad (식6)$$

핵에 비해 질량수는 변하지 않으며, 원자번호만 1 늘어나게 됩니다(**식2**).

이 붕괴는 본래 원자핵 안의 중성자n가 양성자와 전자로 분열한 반응이라 생각할 수도 있습니다(**식3**). 이렇게 생각하면 생성 원자핵은 본래의 원자핵에 비해 양성자가 1개 늘어난 셈이므로 원자번호 역시 1 늘어나게 됩니다.

ⓒ γ붕괴

γ선을 방출하는 붕괴입니다. γ선은 고에너지의 전자파이므로 질량수도 원자번호도 없습니다. 따라서 생성 원자핵은 본래의 원자핵과 동일합니다(**식4**).

하지만 γ선이라는 에너지를 방출하고 있으므로 불안정합니다. 이러한 원자핵을 **준안정핵**이라고 하며, *표시를 붙여서 나타내는 경우가 있습니다. 준안정이란 불안정하다는 뜻이므로 이 원자핵은 방사성을 띠며, 또다시 다른 방사선을 방출해 또 다른 원자핵으로 변화하게 됩니다.

그 외에도 중성자를 방출(질량수: -1, 원자번호: 불변)하거나(**식5**), 양성자를 방출(질량수, 원자번호 모두 -1)하기도(**식6**) 합니다.

● **반감기는 반응의 속도를 알 수 있는 지표**

화학반응에서는 폭발처럼 순식간에 끝나버리는 빠른 반응도 있고, 식칼에 녹이 스는 경우처럼 천천히 진행되는 반응도 있습니다. 원자핵 반응에도 빠른 반응과 느린 반응이 있지요.

반응 A→B의 경우, 반응이 진행되면 A의 농도[A]는 감소를 이어나가 언젠가는 최초의 양에서 절반 $\frac{[A]}{2}$ 으로 줄어듭니다. 그리고 이처럼 양이 최초의 양에서 절반이 되는 데 필요한 시간을 **반감기**$t_{1/2}$라고 부릅니다.

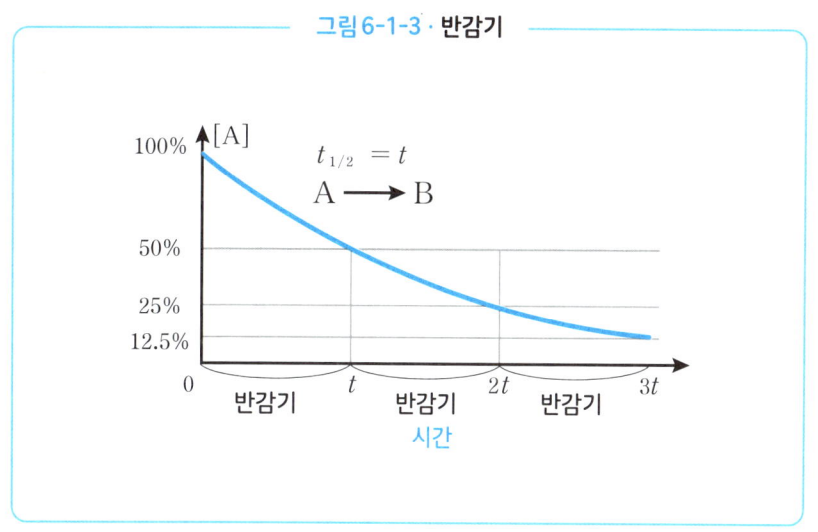

그림 6-1-3 · 반감기

시간이 반감기의 2배, 즉 $2t_{1/2}$ 지나면 양은 절반의 절반이므로 $\frac{1}{4}$이 되지요.

반감기는 반응 속도를 알아보는 데 가장 편리하며 이해하기 쉬운 지표로, 반감기가 짧은 반응은 빠른 반응, 반감기가 긴 반응은 느린 반응이라는 말이 됩니다.

● **붕괴 사슬은 원자핵 붕괴의 연속을 나타낸다**

원자핵의 붕괴는 한 번으로 끝나는 경우도 있지만 산사태나 눈사태처럼 계속해서 연속되는 경우도 있습니다. 이러한 붕괴의 연속을 **붕괴 사슬**이라고 말하기도 합니다.

대부분의 경우, 사슬의 마지막 원자, 즉 원자의 종착지는 납Pb이 됩니다. 즉, 원자핵 붕괴 반응에서 생각했을 경우, **납이 가장 안정적인 원자핵**이라는 말이 되지요.

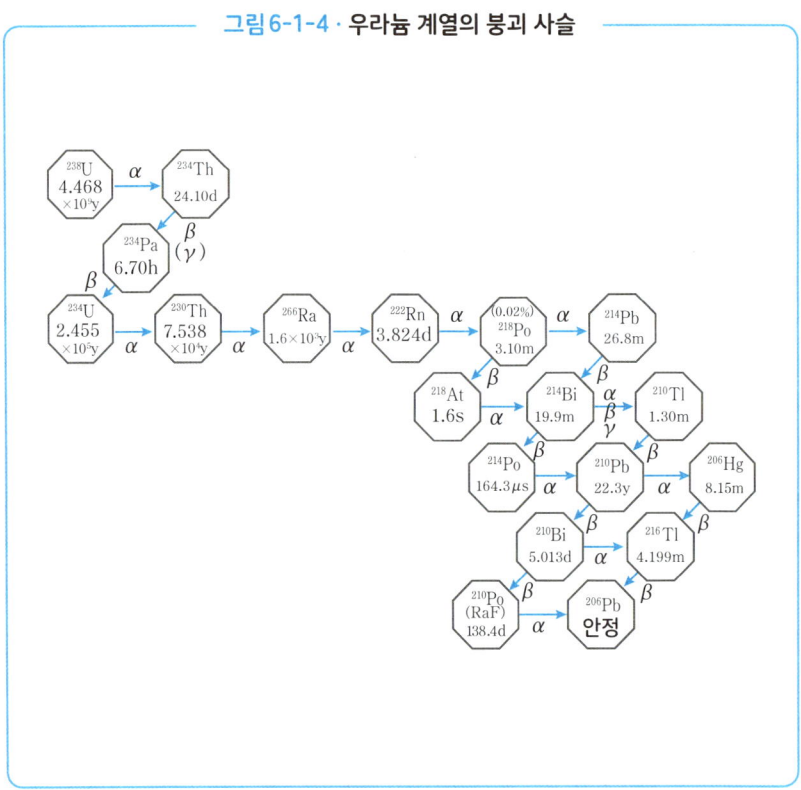

그림 6-1-4 · **우라늄 계열의 붕괴 사슬**

• **붕괴 사슬의 예시**

주된 붕괴 사슬로는 우라늄 계열, 트리튬 계열, 악티늄 계열, 넵투늄 계열의 네 가지 계열이 있습니다.

그림6-1-4에 나타나 있는 계열은 우라늄 ^{238}U에서 시작되므로 우라늄 계열이라 불립니다.

틀 안에 쓰여 있는 내용은 **핵종**(원자핵의 종류)과 **반감기**입니다. 그리고 화살표를 따라 쓰여 있는 내용은 붕괴의 종류입니다.

복잡한 계열이지만 최종적으로는 납의 동위원소 중 하나인 ^{206}Pb로 귀결됩니다.

● 방사성 동위원소의 운명

붕괴 사슬은 방사성 동위원소의 운명을 나타내고 있습니다. 땅속의 우라늄은 이러한 변화를 쉴 새 없이 반복하고 있다는 뜻이지요. 따라서 우라늄 광맥에서는 우라늄 뿐만 아니라 사슬을 구성하는 모든 핵종이 존재하게 됩니다.

그리고 이 붕괴에 따른 에너지는 열로서 땅속으로 방출되어 지구를 덥힙니다. 지구의 내부가 맨틀이나 핵의 상태로 수천 도의 고온을 이루는 이유는 이러한 열이 축적된 결과입니다.

이 계열 중간에 라듐Ra이나 라돈Ln으로 변해 물에 녹아서 온천의 형태로 나타나 환영을 받기도 하고, 기체의 형태로 지하실에 나타나 미움을 사기도 하는 것이지요.

● 원자핵 변환으로 금이 생겨난다

원자핵 반응을 이용하면 어떤 원소를 다른 원소로 바꾸거나, 전혀 새로운 원소를 만들어낼 수 있습니다.

즉, 중세의 연금술사들이 목표로 삼았던, 값싼 금속에서 금을 만들어내는 것이 가능해진다는 뜻입니다. 연금술사들은 결코 사기꾼이 아니었다는 말이지요. 그저 실험 수단을 갖추지 못했을 뿐입니다.

> **그림 6-1-5 · 수은에서 금을 만들어낸다**
>
> ① $^{196}_{80}Hg + ^{1}_{0}n \longrightarrow ^{197}_{80}Hg \xrightarrow{\text{궤도전자 포획}} ^{197}_{79}Au$
>
> ② $^{197}_{79}Au + ^{1}_{0}n \longrightarrow ^{198}_{79}Au \xrightarrow{\beta \text{ 붕괴}} ^{198}_{80}Hg$

그림6-1-5 ①은 수은 ^{196}Hg에서 금 ^{197}Au을 만들어낼 가능성이 있는 식으로, 두 번째 반응은 **궤도전자 포획**이라 해, 원자핵 안에 있는 양성자가 전자구름의 전자와 반응해 중성자가 되는 반응입니다.

따라서 생성 원자핵은 본래의 원자핵과 질량수가 동일하며, 원자번호만 1 줄어들게 됩니다.

다만 이 반응을 일으키려면 수천억 원이 들지도 모르는 원자로를 건설하고, 뛰어난 여러 기술자에게 급료를 지불하고, 막대한 전기요금을 납부해야만 하므로 생겨난 금의 가격은 1g 당 얼마가 될지 짐작조차 되지 않습니다. 아무리 생각해도 귀금속 매장에서 1g에 14만 원 정도(2024년의 금 시세)의 금을 사오는 편이 이득이지요.

반대로 평범한 금 ^{197}Au에 중성자를 쬐면 질량수가 1 늘어나 불안정한 금 ^{198}Au이 되는데, 이것은 β붕괴를 일으켜서 원자번호가 1 늘어나 수은 ^{198}Hg이 됩니다(그림②).

하지만 연구하려는 목적이 아니면서 값비싼 금을 저렴한 데다 공해의 원흉이기까지 한 수은으로 변화시키는 반응을 실행에 옮기는 사람은 없겠지요.

양자 세계의 창문

우리 주변의 원자핵 반응

방사선은 무서운 존재라고 생각되겠지만 우리는 방사선에서 도망칠 수 없습니다.

우리의 몸은 탄소C나 수소H, 포타슘K 등으로 이루어져 있습니다. 이 원소들은 방사성 동위원소를 갖고 있으며, 그 동위원소들은 날마다 꾸준히 붕괴 반응을 일으켜 몸 안에 β선을 흩뿌리고 있습니다.

또한 온천의 방사능천에 들어가는 분도 계실 텐데, 방사능천에서는 방사선이 방출되고 있습니다. 이와 관련해 방사선 호메시스라는 설이 있습니다. 이는 '대량의 방사선을 쬐면 몸에 나쁘지만, 소량의 방사선을 날마다 쬐는 것은 몸에 좋다'라는, 마치 '술 한 잔은 보약'이라는 말을 옹호하는 듯한 설이지요. 다만 의학적으로 입증되지 않은 듯하니 모든 책임은 스스로 져야 하겠습니다.

방대한 에너지를 낳는 핵분열 반응과 핵융합 반응

—— 원자핵 분열 · 원자핵 융합

원자핵 반응으로 가장 널리 알려진 반응으로 **원자핵 분열**과 **원자핵 융합**이 있습니다. 이 반응은 인류의 장래를 좌우할 에너지를 만들어내는 반응으로 주목을 받고 있지요.

핵분열 반응은 원자폭탄이나 원자력발전에 이용되고, 핵융합 반응은 수소폭탄에 이용되며, 현재는 핵융합로에 이용하고자 연구를 진행하고 있습니다.

● **핵분열 반응에서 무슨 일이 일어나는가**

핵분열 반응이란 **커다란 원자핵이 작은 원자핵으로 분열하는 반응**을 말합니다.

5-4 단원의 그림5-4-1의 그래프에서 보았듯이 가장 안정적이며 에너지가 작은 원자핵은 질량수가 60 부근인 철의 동위원소입니다. 따라서 이보다 더 큰 원자핵을 분열시킨다면 그 차에 해당하는 에너지가 방출됩니다.

이 에너지를 **핵분열 에너지**라고 부릅니다.

ⓐ **핵분열 연쇄반응**

핵분열 반응이란 **원자핵이 분열해 핵분열 생성물과 에너지를 발생시키는 반응**입니다. 이것 자체는 큰 반응이 아닙니다.

원자로나 원자폭탄에 이용되는 반응은 핵분열이 연쇄적으로 일어나는 반응입니다. 그렇다면 연쇄반응이란 어떤 반응일까요? 원자로에 이용되는 우라늄의 동위원소 ^{235}U의 **핵분열 연쇄반응**을 예로 들어 살펴보겠습니다.

^{235}U의 핵분열은 원자핵에 중성자n가 충돌함에 따라 일어납니다.

즉, ^{235}U의 원자 안에 있는 작은 원자핵에 어디선가 날아온 중성자가 충돌합니다. 그러면 원자핵은 분열해 크고 작은 핵분열 생성물(대부분은 방사성 원자핵: 방사선을 포함한다)과 방대한 에너지, 그리고 중성자를 방출합니다.

이 중성자가 1개였다고 가정해봅시다. 그러면 이 중성자는 또 다른 ^{235}U 원자핵과 충돌해 1개의 중성자를 방출시킵니다. 그리고 이 중성자가 또다시 ^{235}U과 충돌하는 식으로 반응은 계속해서 이어지게 됩니다. 이것이 연쇄반응입니다.

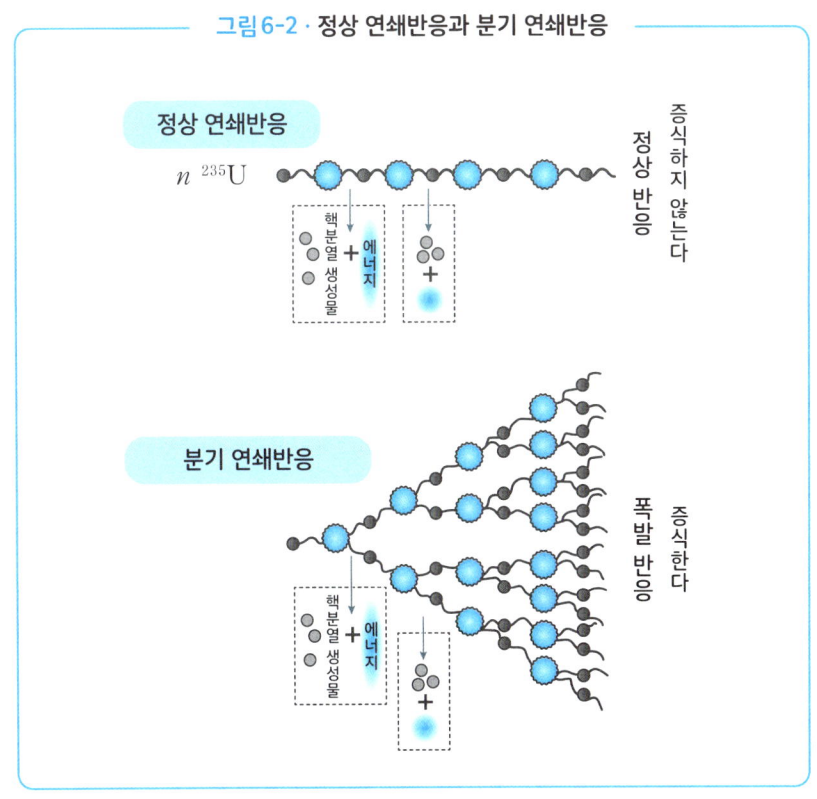

그림 6-2 · 정상 연쇄반응과 분기 연쇄반응

하지만 이 연쇄반응의 경우, 어디까지 이어지더라도 같은 크기(규모, 스케일)로 진행될 뿐입니다. 이러한 반응을 **정상 연쇄반응**이라 하며, 폭발적인 증식 반응은 일어나지 않습니다.

ⓑ 분기 연쇄반응

그렇다면 한 번의 핵분열에서 생산되는 중성자를 2개라고 가정해보겠습니다. 이 경우에는 첫 반응에서 분열하는 원자핵은 1개지만 다음 반응에서는 2개의 중성자가 충돌하므로 생성되는 중성자 역시 2개가 되고, 다음에는 각각의 반응에서 중성자가 2개씩 발생하므로 2^2, 즉 4개가 되고, 다음은 $2^3=8$이 되어 기하급수적으로 증식합니다. 이렇게 된다면 폭발할 수밖에 없지요.

이러한 반응을 **분기 연쇄반응**이라고 합니다. 즉, ^{235}U의 핵분열을 내버려두면 폭발로 이어지는 이유는 한 번의 분열에서 생겨나는 중성자의 수가 1개 이상인 분기 연쇄반응이기 때문입니다.

● 핵융합 반응에서 무슨 일이 일어나는가

핵융합 반응이란, **작은 원자핵이 융합해 커다란 원자핵으로 변하는 반응**입니다. 이때는 방대한 에너지가 발생합니다. 따라서 미래의 에너지원으로서 뜨거운 주목을 받고 있지요.

핵융합 에너지의 예시로 널리 알려진 것은 **태양을 비롯한 항성의 에너지원**입니다. 지구로 날아드는 에너지의 대부분은 태양에서 유래하는 에너지입니다. 우리 생물은 이 태양 에너지를 받아 생명을 길러내고 있으니 **우리가 살아갈 수 있는 것은 핵융합 에너지 덕분**이라 해도 과언이 아닐지도 모릅니다.

항성에서는 원자번호 1인 수소 원자핵H 2개가 핵융합을 일으켜 원자번호 2인 헬륨 원자핵He으로 변함에 따라 막대한 에너지가 발생하고 있습니다.

이 에너지를 인류가 제어할 수는 없을까? 바로 이 꿈이 핵융합 개발의 원동력입니다. 핵융합이 촉망되는 분야는 핵융합로를 이용한 **핵융합 발전**입니다.

  저자가 학생이었던 시절, 핵융합로는 30년 후에 실용화되리라 기대되는 근미래 기술이었지만, 그로부터 반세기가 지난 지금도 여전히 똑같은 말이 이어지고 있습니다.

  이대로 가다간 앞으로 다시 반세기가 지나더라도 똑같은 이야기를 듣게 될지도 모르겠네요. 핵융합은 그만큼 어려운 기술이라는 뜻입니다.

원자의 탄생과 성장-우주의 시작과 항성의 일생

— 항성·중성자별·초신성 폭발

우주에 관한 지식은 시시각각 늘어가고 있습니다. 바로 얼마 전까지는 '우주는 물질로 이루어져 있다'라고 말하기도 했지만 이제는 그렇게 단정 지어 말할 수 없지요. **'우주의 75%는 암흑 에너지, 20%는 암흑 물질이며, 우리가 알고 있는 일반적인 물질은 5%에 지나지 않는다**'라고 불분명하게 표현할 수밖에 없습니다.

이는 다시 말해 우리에게 익숙한 '일반적인 물질'은 전 우주의 1/20에 불과하다는 뜻입니다. 하지만 '일반적인 물질' 안에는 전자, 원자핵, 원자, 분자 등, 그 종류가 무한대라 해도 좋을 정도의 물질들이 북적이고 있지요.

그 가운데 우리가 눈으로 보고, 손으로 만질 수 있는 일반적인 물질은 근원으로 거슬러 올라가면 원자로 귀결됩니다. 즉, **만물의 근원은 원자**인 것입니다. 이 원자는 어떻게 해서 생겨난 것일까요?

● 138억 년 전에 생겨난 우주

우주에는 시작이 있습니다. 그것은 '**빅뱅(대폭발)**'이라 불리는 폭발입니다.

소립자론에 흥미가 있으며 무슨 일이든 깊이 파고들지 않으면 직성이 풀리지 않는다는 분은 소립자론의 전문서를 읽어보기 바랍니다. 여기서는 대강만 알면 충분하다는 분을 위해 '이야기'의 형식을 빌리도록 하겠습니다.

어디라고 딱 집어 말할 수는 없지만 아무튼 어딘가에 매우 작은 물질이 있었습니

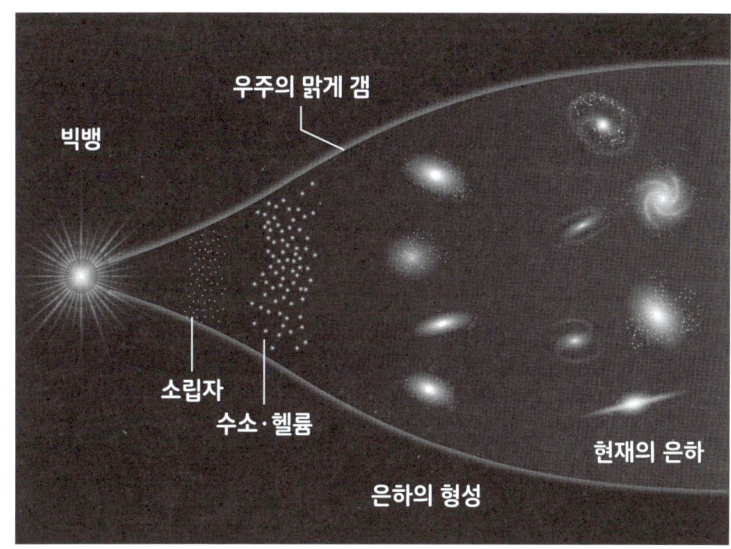

그림 6-3 · 빅뱅의 이미지

(출처: 일본 국립과학박물관 『우주의 질문상자·우주론 편』에서 발췌)

다. 이 물질이 느닷없이 폭발을 일으켰지요. 이 폭발을 빅뱅이라고 합니다. **지금으로부터 138억 년 전**의 이야기라고 합니다. 모든 것은 여기서 시작됩니다. 모든 것이란 시간과 공간을 포함한 모든 것입니다.

  이 폭발에 의해 생겨난 것이 바로 **방대한 양의 수소 원자**(원자번호 1)**와 소량의 헬륨 원자**(원자번호 2)입니다. 이 원자들은 폭발의 위력으로 날아갔지요.

  이 **원자가 도달한 범위가 '우주'**입니다. 따라서 우주는 이 순간에도 넓어지고 있다는 뜻입니다. 이를 **'팽창 우주'**라고 합니다.

  '우주는 빅뱅에 의해서 생겨났다'라는 말은 이러한 의미입니다. 시간도 빅뱅에 기인한다고 하지요.

그러니 '빅뱅은 어디서 일어났어?'라는 질문은 의미가 없습니다. 빅뱅 이전에는 공간조차 없었으니까요. 굳이 말하자면 우주의 중심이 될지도 모르겠네요.

생각하면 할수록 굉장한 일입니다. 우주에 어느 정도의 물질이나 에너지가 있는지는 모르겠지만 빅뱅이 시작되었을 때에는 그것들이 극히 작은 공간(점)에 있었다는 말이니까요. 밀도는 얼마쯤(?)이었을까요.

장대한 소설처럼 들릴 법한 이야기지만, 현대의 두뇌를 대표하는 난부 요이치로 교수*나 호킹 박사**가 한 말이니 믿고 들어도 될 겁니다.

● **원자핵 융합에 따른 '항성'의 탄생**

빅뱅으로 인해 수소 원자는 '우주' 곳곳에 안개처럼 자욱하게 퍼졌습니다. 시간이 흐르자 안개에 옅은 부분과 진한 부분이 생겨났지요. 구름처럼 진한 부분에서는 중력이 강해졌고, 더욱 많은 수소 원자가 끌려들어가면서 밀도가 높아졌습니다.

그러자 마찰열이나 단열압축열이 발생해 수소 원자의 집단은 고온, 고압 상태가 되었지요. 그 결과 발생한 것이 바로 원자핵 융합입니다.

이는 **여러 개의 수소 원자가 핵융합을 일으켜 헬륨 원자가 되는 현상**으로, 이때 방대한 양의 핵융합 에너지를 방출합니다.

$$2^1H \rightarrow {}^2He + 핵융합 에너지$$

이것이 태양을 비롯한 항성입니다. **항성이 빛을 내고 열을 방출하는 것은 핵융합 에너지에 따른** 현상입니다.

---

* 난부 요이치로(1921~2015): 일본계 미국인인 이론물리학자. 소립자 물리학으로 '대칭성의 자발적 깨짐의 통일 이론'을 제창해 2008년에 노벨물리학상을 수상했다.

** 스티븐 윌리엄 호킹(1942~2018): 영국의 이론물리학자. 1974년에 '블랙홀은 열을 방출함에 따라 이윽고 증발해 소멸한다'라는 '호킹 복사' 이론을 발표했다. '휠체어에 탄 천재 물리학자'로 알려져 있다.

● **항성의 성장에서 마지막까지**

그런데 원자핵 중에는 안정적이며 에너지가 낮은 것과, 불안정하며 에너지가 높은 것이 있습니다.

수소처럼 작은 원자핵이 에너지가 높지만, 우라늄처럼 큰 원자핵도 마찬가지로 불안정합니다. 가장 안정적인 것은 질량수 60 정도의 원자핵이지요.

ⓐ **원자핵의 성장**

따라서 ^1H가 핵융합을 일으켜 ^2He가 된다면 핵융합 에너지가 발생해 항성은 빛을 냅니다.

이윽고 모든 ^1H가 ^2He로 변하게 될 텐데, 그렇게 되었다면 이번에는 ^2He가 핵융합을 일으켜 ^4Be로 변해 에너지를 방출하겠지요.

이러한 핵융합이 연속적으로 일어나며 원자핵은 성장을 이어나갑니다.

시간이 흘러 철 원자핵이 탄생했다고 가정해보겠습니다. 그런데 철 원자핵은 에너지가 매우 작습니다. 어떻게 하더라도 에너지를 생산하기란 불가능하지요.

ⓑ **항성의 마지막**

항성에서 핵융합이 벌어짐에 따라 성장하며 생겨난 것이 원자번호 26인 철 원자였습니다. 항성은 그야말로 원자가 탄생한 땅이지요.

하지만 원자에는 원자번호가 26보다 큰 원자들이 여럿 존재합니다. 이 원자들은 어떻게 해서 생겨난 것일까요?

핵융합이 진행되어 철 원자가 되어버린 항성은 더 이상 빛을 내지도, 열을 방출하지도 못합니다. 이러한 별 중 질량이 태양의 3~8배인 별은 팽창하는 힘을 잃은 후, 중력에 의해 수축을 이어나갑니다.

이 수축은 그칠 줄 모릅니다. 이윽고 전자가 원자핵 안으로 파고들게 됩니다. 그러면 양성자p와 전자e는 반응을 일으켜 중성자n가 됩니다.

$$p + e \rightarrow n$$

이것이 **중성자별**이라 불리는 존재로, 원자 전체가 원자핵이 되어버린 상태입니다. 이는 원자의 지름이 원자핵의 지름이 된다는 것을, 다시 말해 지름이 1만 분의 1로 줄어듦을 의미합니다. 지구라면 현재의 지름인 1.3만km가 불과 1.3km의 구체가 되는 셈입니다.

ⓒ 초신성 폭발

이렇게 된 별은 이윽고 에너지의 균형을 잃고 폭발합니다. 이것이 바로 **초신성 폭발**이라는 현상입니다.

이때는 대량의 중성자가 방출됩니다. 그리고 그 중성자가 철 원자에 쏟아지게 되지요.

그 결과, 철 원자는 급속도로 비대해집니다. 그리고 이때의 에너지로 중성자는 양성자와 전자로 분열합니다.

● 1987년에 관측된 초신성 폭발
(출처: 앵글로 오스트레일리안 천문대)

$$n \rightarrow p + e$$

즉, 철에 새로운 양성자p가 더해지게 되는 것이지요. 이는 원자번호가 커짐을 의미합니다. 다시 말해 철보다 큰 원자가 탄생한 것입니다.

양자 세계의 창문

핵융합과 헬륨3(^{3}He)

현재, 핵융합로를 이용하는 반응은 중수소D와 삼중수소T를 이용한 **D-T 반응**(164페이지 참조)을 중심으로 연구가 진행되고 있습니다. 하지만 D와 헬륨3와의 핵융합인 **D-^{3}He반응**은 핵융합로로 실현해내기가 D-T반응보다 용이할 것으로 생각되고 있습니다.

그 이유는 헬륨3의 경우 삼중수소와 다르게 비방사성이며, D-^{3}He반응에서는 위험한 중성자(n)가 발생하지 않기 때문입니다.

하지만 헬륨3는 지구의 대기 중에는 미량밖에 존재하지 않습니다. 태양의 대기 중에는 우주 초기에 빅뱅 원자핵 합성 결과 생성된 헬륨3가 축적되어 있지만, 지구의 경우 지구가 생겨났을 때 존재했던 헬륨은 대부분 우주 공간으로 흩어졌고, 현재 지구 대기 중에 존재하는 헬륨은 대부분 암석 속 방사성 원소의 알파 붕괴 결과 생겨난 헬륨4이기 때문입니다.

한편 달 표면에는 태양풍에서 공급되는 헬륨3가 축적되어 있습니다. 따라서 달 표면에서 헬륨3를 가져오자는 연구가 진행되고 있지요. 중국의 달 표면 탐사는 이러한 목적도 겸하고 있으리라 생각됩니다.

6-4 원자핵 반응을 이용한 원자력 발전의 원리

―― 원자로의 구성 요소

일반적으로 말하는 **원자력 발전**이란 **원자핵 반응의 에너지를 이용해 전기를 일으키는 것**으로, **핵분열로**와 **핵융합로**의 두 가지가 고려되지만 현재 가동 중인 원자력 발전소는 핵분열 반응을 이용하는 발전소뿐입니다.

● 원자력 발전의 기본 원리

원자력 발전소라 하면 인류가 약 50년 전에 최초로 손에 넣은 꿈의 발전 장치로, 엄청난 발전 원리를 이용해 전기를 일으키는 장치라고 생각하는 분도 계실지 모르겠네요. 하지만 이는 터무니없는 착각입니다.

발전기는 자석 안에서 코일을 회전시켜서 발전합니다. 풍력 발전의 경우 코일을 풍차에 달아서 회전시키지요. 수력 발전의 경우에는 코일이 달린 터빈에 물을 부어서 회전시킵니다. 화력 발전에서는 터빈에 수증기를 충돌시켜서 회전시킵니다.

원자력 발전도 화력 발전과 완전히 동일합니다. 터빈에 수증기를 충돌시켜서 회전시키지요. **둘의 차이는 증기를 만들어내는 방법뿐**입니다.

화력 발전의 경우는 보일러로 화석연료를 태워서 만들어낸 열로 물을 데웁니다. 반면 원자력 발전에서는 원자로에서 핵분열을 일으켜, 그 열로 물을 데우는 것이지요.

즉, **원자로는 출세한 보일러에 불과하다**는 뜻입니다.

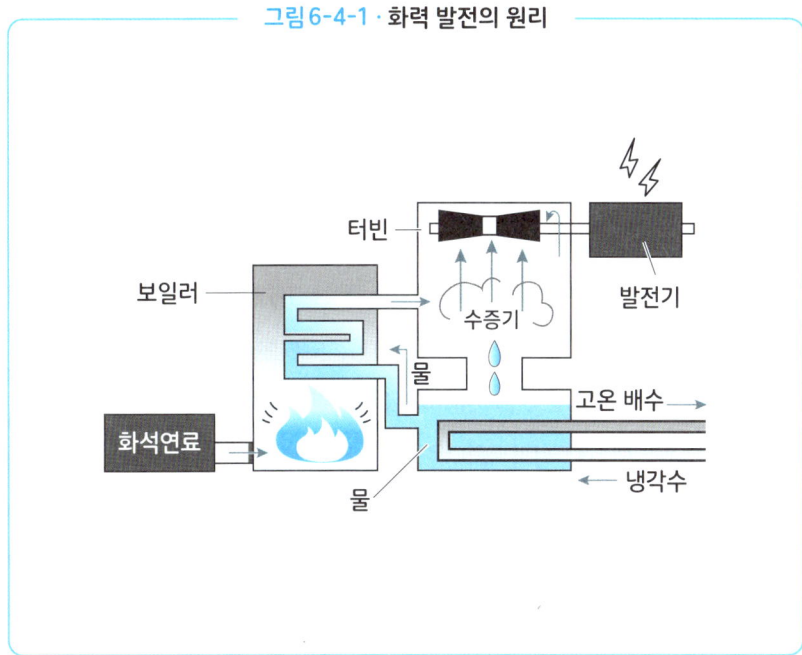

그림 6-4-1 · 화력 발전의 원리

● **원자로의 원리**

그럼 원자로의 원리를 원자로의 구성 요소의 관점에서 살펴보겠습니다.

ⓐ **연료체**

연료체란 핵분열을 일으키는 방사성 물질입니다.

분기 연쇄반응형 핵분열을 일으키는 원자핵은 많지 않습니다. 천연에 존재하는 원자핵으로는 우라늄$_{92}$U과 토륨$_{90}$Th이 있습니다. 그리고 인공원소로 플루토늄$_{94}$Pu이 있지요.

천연 우라늄은 2종류의 동위원소 ^{235}U와 ^{238}U의 혼합물로, 99.3%는 ^{238}U입니다. 그런데 원자로의 연료로 사용할 수 있는 우라늄은 적은 쪽인 ^{235}U입니다.

원자로를 효율적으로 가동시키려면 ^{235}U의 농도를 적어도 수 %로 높여야 합니다. 이 조작을 **우라늄 농축**이라고 하며, 수단으로는 원시적이지만 원심 분리법을 사용합니다. 우라늄을 플루오린과 반응시키면 육플루오린화우라늄UF_6이라는 기체가 됩니다. 이를 원심분리기에 넣고 연속으로 분리해서 농도를 높이는 것이지요.

ⓑ 제어봉

원자로 안에서 ^{235}U가 **분기 연쇄반응**을 일으켰다간 원자로가 원자폭탄으로 변해 터져버리고 맙니다. 그렇게 되지 않게끔, 다시 말해 반응을 **정상 연쇄반응**으로 머무르게 하려면 핵분열 반응 1번당 발생하는 중성자의 수를 1개로 억눌러야 합니다.

그러기 위해서는 여분의 중성자를 제거해주면 됩니다. 그 역할을 하는 것이 **제어봉**으로 이용되는 **중성자 제어재**입니다. 여기에는 중성자를 흡수하는 작용이 있는 붕소B와 하프늄Hf이라는 원소를 사용합니다.

ⓒ 감속재

중성자는 그 비행 속도에 따라 반응성이 달라집니다. ^{235}U는 운동 에너지가 작은, 다시 말해 속도가 느린 중성자하고만 반응하지요.

하지만 핵분열로 발생하는 중성자는 에너지가 높은 고속 중성자입니다. 따라서 이 속도를 낮추어줄 필요가 있습니다. 이것이 **감속재**의 역할입니다.

전하도 자성도 띠지 않는 중성자의 속도를 낮추려면 적당한 물질과 충돌시킬 수밖에는 없습니다. 효율적으로 에너지를 주고받기 위해서는 중성자와 질량이 비슷한 원자핵과 충돌시켜야 합니다. 따라서 일반적인 원자로에서는 중성자와 동일한 질량을 지닌 원자, 즉 수소 원자H를 가진 물(경수)H_2O을 감속재로 사용합니다.

ⓓ 냉각재

냉각재라기보다는 수증기의 원료입니다. 다시 말해 물이지요. 즉, **물은 감속재와 냉각재, 이 두 가지 역할을 수행하는** 셈입니다.

● **원자로의 구조**

무서울 정도로 단순한 원자로의 개념도를 아래에 그려두겠습니다. 각 부분의 역할은 위에서 언급한 그대로입니다.

제어봉은 연료체 사이에 설치되는데, 깊게 밀어 넣으면 흡수하는 중성자가 많아지므로 반응은 억제되고, 반대로 뽑으면 반응은 가속됩니다.

원자로 내부의 물(1차 냉각수)은 방사선에 의해 오염되어 있으므로 원자로 밖으로 누출되지 않게끔 열 교환기를 통해 2차 냉각수로 열을 전달합니다.

압력 용기는 두께 30cm 정도의 스테인리스 단조강으로 만들어져 있으며, 그 바깥쪽을 두께 2m 정도의 콘크리트제 **격납 용기**가 덮고 있습니다.

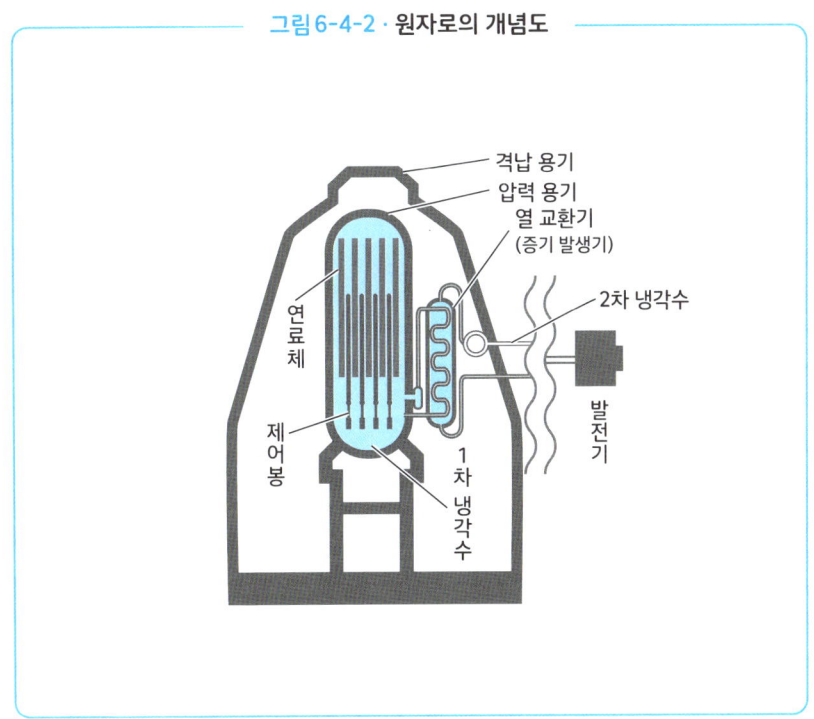

그림 6-4-2 · **원자로의 개념도**

양자 세계의 창문

원자폭탄과 수소폭탄

원자핵 반응을 이용한 폭탄을 일반적으로 핵폭탄이라 부르며, 원자폭탄과 수소폭탄이 있지만 둘의 폭발 원리는 정반대입니다.

원자폭탄은 원자핵 분열을 이용하며, 폭발 원자는 우라늄과 플루토늄입니다. 한편 수소폭탄은 핵융합을 이용하며 폭발 원자는 수소지요.

핵폭탄의 폭발력은 같은 폭발력을 보이는 화학 폭약 트라이나이트로톨루엔(TNT)의 중량으로 나타냅니다.

원자폭탄의 경우, 우라늄을 이용한 히로시마형과 플루토늄을 이용한 나가사키형 모두 대략적인 폭발력은 10k톤(1만 톤)입니다. 하지만 수소폭탄은 차원이 다른데, 러시아(구 소비에트 연방)가 실험한 차르(황제) 봄바(폭탄)의 폭발력은 50메가톤(5000만 톤)이라고 합니다. 이는 제2차 세계대전에서 전 세계가 사용한 폭약 총량의 10배에 해당한다고 하지요.

일본은 원자폭탄의 피폭국이지만 수소폭탄의 피해도 받았습니다. 바로 1954년에 일어난 제5 후쿠류마루 사건으로, 비키니 환초에서 미국이 실시한 수소폭탄 실험에서 일본의 어선이 핵분열 생성물(죽음의 재)을 뒤집어쓴 사건입니다.

이러한 비극은 두 번 다시 일어나선 안 되겠습니다.

인간의 손으로 태양을 만드는 인공 핵융합이라는 꿈

—— 핵융합로의 개발

태양에서 벌어지고 있는 핵융합을 인류의 손으로 일으킬 수는 없을까? 이것이 바로 **인공 핵융합**이라는 꿈만 같은 이야기입니다.

● **수소폭탄에서 시작된 핵융합 이용**

하지만 '뭐든 상관없으니 **핵융합**만 일으키면 된다'라고 한다면 핵융합 자체는 그다지 어려운 기술이 아닙니다. 실제로 인류는 50년도 더 전에 핵융합 반응을 스스로의 힘으로 성공시켰지요.

다만 유감스럽게도 이 핵융합 기술은 평화적인 목적은 아니었습니다.

평화적이기는커녕 궁극적인 파괴 병기였지요. 이를 **수소폭탄**이라고 부릅니다.

수소폭탄은 수소의 핵융합을 이용한 폭탄으로, **우라늄이나 플루토늄의 핵분열을 이용한 폭탄인 원자폭탄**보다 파괴력이 월등히 강했습니다.

지금까지 수소폭탄의 개발에 성공한 국가는 미국, 구 소비에트 연방(현 러시아), 중국, 영국, 프랑스, 이 5개 국가뿐입니다.

● **핵융합로에서 사용하는 핵융합 반응**

핵융합의 인공적 이용은 핵분열로와 마찬가지로 **핵융합로**를 건설하고 그곳에서 핵융합을 일으켜 에너지를 뽑아내, 이를 전기 에너지로 바꾸는 것입니다.

핵융합로에서 사용하고자 하는 핵융합 반응으로는 **D-D반응**과 **D-T반응**, 이 2종류가 있습니다(현재는 D-^{3}He반응도 연구되고 있습니다. 157페이지 참조).

ⓐ D-D반응

2개의 중수소D(^{2}H)를 융합시켜서 삼중수소T(^{3}H), 혹은 헬륨3(^{3}He)으로 만들어 에너지를 얻고자 하는 반응입니다.

중수소는 지구상에 대량으로 존재하므로 실용적이지만 핵융합을 시키기 위한 조건이 까다롭다고 알려져 있습니다.

ⓑ D-T반응

중수소와 삼중수소를 반응시키는 방식입니다. 반응 조건이 간단하기 때문에 최초로 실용화될 반응으로 여겨지고 있습니다.

하지만 삼중수소를 손에 넣기 어려우므로 미리 리튬Li과 중성자로 삼중수소를 만들어둘 필요가 있습니다.

● **핵융합로의 개발**

핵융합로 연구는 일본을 포함한 각국이 힘을 합쳐서 프랑스에 **국제 열핵융합 실험로(ITER)**를 건설하는 방향으로 관련 기술의 개발이 진행되고 있습니다.

ⓐ 플라스마

핵융합에서는 수소나 삼중수소를 전자와 원자핵으로 분리시켜서 **플라스마** 상태로 만든 뒤, 이를 1억 ℃ 이상의 고온·고압 상태로 만들어 융합시킵니다.

이러한 고온에서는 모든 재료와 소재는 융해되어버리므로 플라스마를 용기 안으로 집어넣기란 불가능합니다. 따라서 전기장과 자기장을 이용해 공중에 띄워놓아야 하지요.

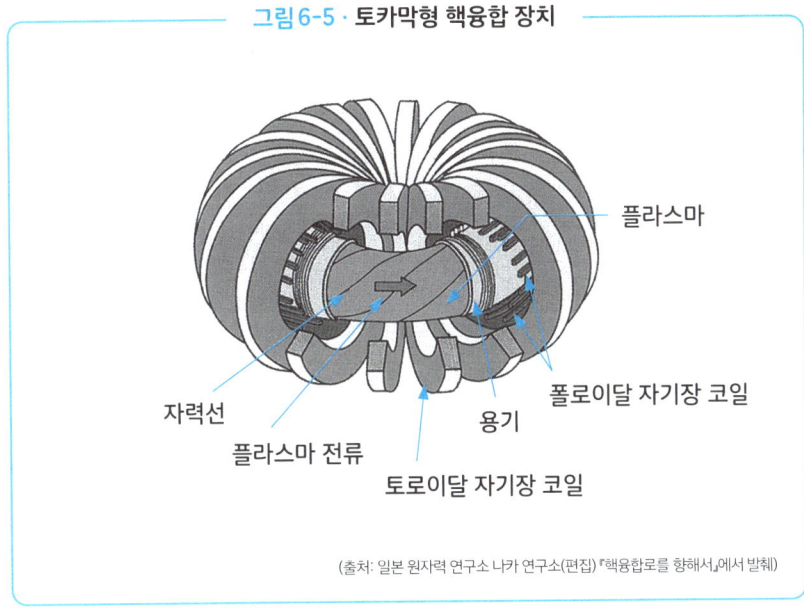

그림 6-5 · 토카막형 핵융합 장치

(출처: 일본 원자력 연구소 나카 연구소(편집) 『핵융합로를 향해서』에서 발췌)

ITER에서는 이 문제를 **토카막형**이라 불리는, 전기와 자기를 이용한 반응로로 해결하려 하고 있습니다.

토카막형은 고온을 이용한 방식이므로 **열핵융합로**라고도 불립니다.

ⓑ 핵융합의 조건

핵융합이 일어나려면 원자핵이 매초 1000km 이상의 속도로 충돌해야 하는데, 이를 **임계 플라스마 조건**이라고 부릅니다.

그리고 이 속도를 실현해내려면,

① **플라스마 온도 1억℃ 이상**

② **밀도 100조 개/cm³**

상태로 만든 후, 이것을

③ **1초 이상 가두어야**

한다고 합니다.

2007년에는 이 조건이 충족되었다고 하나, 발전로로서 사용할 수 있을 만큼의 지속 시간은 아직 달성하지 못했습니다.

양자 세계의 창문

다양한 원자로

현재 가동 중인 원자로는 ^{235}U를 연료로 하는 핵분열형 원자로입니다. 하지만 그 외 다른 형식의 원자로도 고려되고 있지요.

- **토륨 원자로**……연료로 토륨Th을 사용하는 원자로입니다. 토륨은 자연계에 존재하는 동위원소의 거의 100%가 ^{232}Th로, 이를 그대로 연료로 사용할 수 있기 때문에 농축할 필요가 없습니다. 또한 매장량은 우라늄의 3~4배나 되는 데다 반응 후에 플루토늄처럼 위험한 방사성 원소를 배출하지도 않습니다.

- **고속 증식로**……난로에 석유 1L를 넣고 불을 붙이자 방 안이 충분히 따뜻해졌습니다. 이후 난로의 석유통을 살펴보니 석유가 1L 이상으로 늘어나 있었지요. 그렇게 말도 안 되는 난로가 있을까요? 있습니다. 바로 고속 증식로입니다. 핵분열(연소)이 끝나면 연료가 증식하는(늘어나는) 것입니다. 연료로 쓰이지 않는 ^{238}U와 연료인 플루토늄을 함께 태우면, ^{238}U가 플루토늄에서 나온 고속 중성자와 반응해 연료인 플루토늄으로 변화하기 때문이지요.

제 7 장

지구와 인간에 우주 방사선이 끼치는 영향

7-1 우주 방사선은 우리의 생활에 뜻하지 않은 영향을 끼친다

—— 은하 우주 방사선과 태양 우주 방사선

저는 어렸을 때부터 심각한 근시였던 데다 밤하늘이 밝은 나고야 시내에서 살고 있었기 때문에 은하수를 뚜렷하게 본 적이 없습니다. 별자리는 책에서나 볼 뿐이었지요. 따라서 밤중에 옥상으로 나와 올려다본 하늘은 쥐 죽은 듯 고요했습니다.

하지만 산과 가까운 곳, 거리의 불빛이 다다르지 않는 곳에서 올려다보는 밤하늘은 분명 술렁이는 별들로 가득 메워져 있으리라 생각했지요.

그곳에서 올려다보는 별들은 빛나고 있지 않을까요? 반짝이고 있지 않을까요?

반짝이는 이유는 별 때문이 아니라 공기의 흔들림 때문이겠으나, 빛나는 이유는 별 그 자체 때문일 것입니다.

행성 이외의 별이 빛나는 이유는 별 자신이 빛을 내고 있기 때문입니다. 별은 달과 다르게 태양빛을 반사해서 빛을 내는 존재가 아니지요.

가만히 움직이지 않는 별이 어떻게 해서 빛을 낼 수 있는 걸까요?

애당초 빛을 낸다는 것은 어떠한 현상일까요?

별이 내뿜는 것은 빛뿐일까요?

● **지구를 찾아오는 눈에 보이지 않는 방문자**

밤하늘에서 우리가 보는 것은 달과 별입니다. 가끔 유성도 볼 수 있지요. 그렇다면 유성이란 무엇일까요?

유성이란 우주에 무수히 존재하는 작은 돌 중에서 지구와 가까운 곳에 있는 돌이 지구의 인력에 이끌려 대기권으로 끌려들어가 대기와의 마찰로 불탄 것입니다.

그렇다면 우주에서 지구로 날아드는 것은 유성뿐일까요? 그렇지 않습니다. 지구에는 이따금 엄청난 방문자가 날아듭니다.

지금으로부터 약 6600만 년 전, 거대한 암석(소행성)이 멕시코의 유카탄 반도의 해저에 약속도 없이 날아들었습니다.

그때의 충격으로 모래먼지가 흩날리고, 그로 인해 태양빛이 가려져 식물이 말라 죽으면서 당시 번영하던 공룡 문명이 막을 내렸다고 합니다. 그때의 충돌 흔적이 지금까지 남아 있는데, 이를 칙술루브 크레이터라고 부릅니다.

소행성 정도의 대규모는 아니지만 1908년에 러시아(당시는 소비에트 연방)의 시베리아에 있는 퉁구스카 삼림에 낙하한 운석은 히로시마형 원자폭탄의 200배에 가까운 위력으로 숲을 휩쓸었습니다. 이를 퉁구스카 대폭발이라고 합니다.

이처럼 거대한 방문자가 아닌, 소형 운석에 따른 조용한 방문은 우리가 눈치채지 못했을 뿐 날마다 수만 건이나 일어나고 있지는 않을까요.

이 조용한 방문이 유성이라는 형태로 우리에게 발견되는 것입니다.

하지만 우리의 눈에 들어오지 않는 작은 방문자도 있습니다. 바로 **우주 방사선**입

 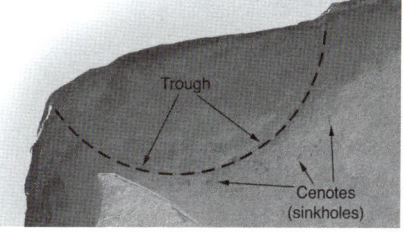

● 칙술루브 크레이터: 멕시코의 유카탄 반도 북부에 있는 소행성 충돌 흔적
(Trough: 트라프=해저분지 sinkholes: 함몰공)

니다. 우주 방사선은 우리 눈에 들어오지 않을 뿐 아니라, 어떠한 피부 감각으로도 직접적으로는 의식할 수 없습니다. 그만큼 조용한 방문이지요.

하지만 이러한 방문도 횟수를 거듭하면 통신 장애나 백내장, 피부암 등, 우리에게 뜻하지 않은 재앙을 초래하기도 합니다.

● **우주 방사선에는 어떤 것이 있을까**

우주 방사선이란 광속에 가까운 속도로 우주 공간을 날아다니는 **양성자**(수소 원자핵)**나 헬륨 등의 원자핵, 전자나 뮤 입자 등의 소립자**를 말합니다.

게다가 이 고속 · 고에너지 입자가 지구의 성층권이나 대기권에 존재하는 분자와 충돌해서 발생시킨 미립자 등도 우주 방사선이라고 부릅니다.

즉, 오존, 산소, 질소 등의 분자와 충돌하면서 발생한 중성자 등의 핵자, 혹은 중성미자 등의 소립자, 또는 γ선과 같은 고에너지 전자파 등도 우주 방사선이라 불린다는 뜻이지요.

하지만 역시나 일반적으로 우주 방사선이라 한다면 **양성자와 그 10% 정도 양의 헬륨, 그리고 극히 소수의 탄소, 철, 그보다 미량이기는 하지만 우라늄 등의 원자핵 성분과 전자**가 주류로 여겨지는 경우가 많습니다.

● **우주 방사선을 분류하자면**

우주 방사선에는 다양한 종류가 있지만 그 발생원(源)이나 에너지의 차이를 통해 '은하 우주 방사선'과 '태양 우주 방사선'으로 나눌 수 있습니다.

ⓐ **은하 우주 방사선**

은하 우주 방사선이란 **태양계를 넘어서 은하계 안의 어딘가에서 발생하는 우주 방사선**을 말합니다.

발생원은 초신성 폭발을 일으킨 별의 잔해로, 이것이 초신성 폭발의 충격파에 의해 초기에 가속을 받은 후, 은하계 내부의 자기장에 의해 지속적으로 가속을 받게 된 결과라고 생각됩니다.

우주 방사선이 초신성 폭발에서 기원했다는 가설은 일찍이 주장되어왔지만 관측을 통해서 가속의 증거가 확인된 것은 바로 얼마 전인 2013년의 일입니다.

은하 우주 방사선 중에서도 초고에너지 우주 방사선(>10^{18}eV: 전자 볼트)은 에너지가 너무 높아서 은하계의 자기장에서는 가둘 수 없습니다. 따라서 은하계(태양계가 속한 은하의 통칭-옮긴이) 바깥의 은하에서 날아든 것으로 생각됩니다.

ⓑ 태양 우주 방사선과 태양 플레어

태양을 기원으로 삼는, 비교적 에너지가 낮은 우주 방사선을 **태양 우주 방사선**이라고 부릅니다.

그림 7-1 · 태양 플레어가 지구에 끼치는 영향

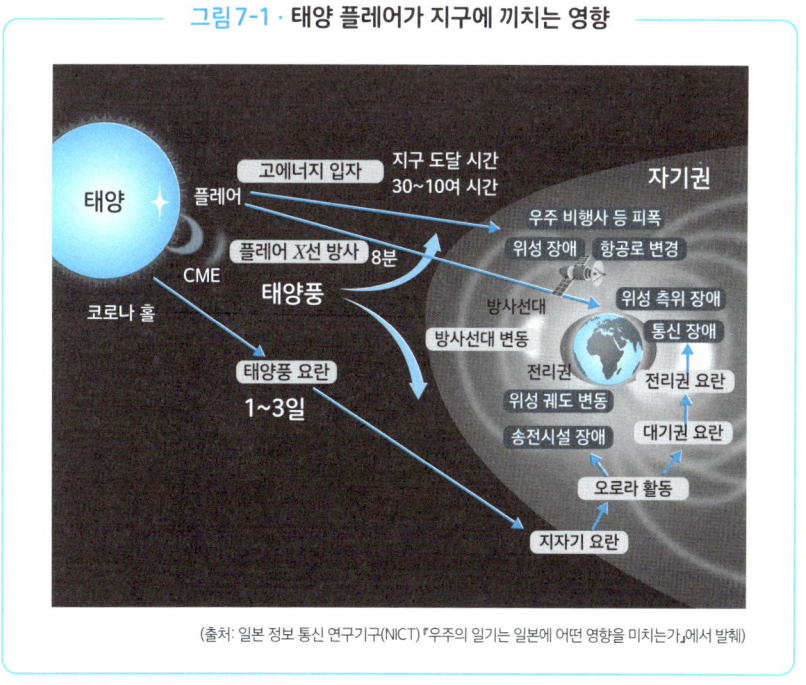

(출처: 일본 정보 통신 연구기구(NICT) 『우주의 일기는 일본에 어떤 영향을 미치는가』에서 발췌)

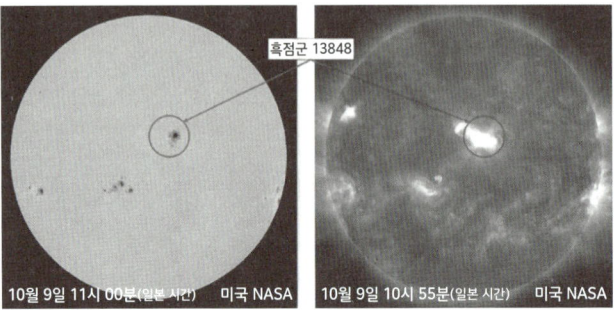

● 2024년 10월 9일에 관측된 대규모 태양 플레어
(출처: 일본 정보 통신 연구기구(NICT)·NASA)

　태양 우주 방사선은 11년 주기로 일어나는 태양 극대기에 자주 볼 수 있습니다. 이러한 시기에는 태양 표면에서 폭발 현상(태양 플레어)이 자주 일어나 대량의 우주 방사선이 지구로 날아들지요.

태양 플레어의 성분에는 양성자 등의 입자뿐 아니라 X선 등의 전자파도 있어서 인류의 생활에 큰 영향을 미칩니다.

　전자파는 지상의 전기·전자기기에 영향을 끼쳐서 정전이나 전파통신 장애의 원인이 되는 등, 사회에 막대한 영향을 끼치기 때문에 차폐(전자 실드) 대책이 큰 과제로 남아 있습니다.

● 우주 방사선의 에너지

우주 방사선은 지구상의 가속기로도 쉽사리 만들어낼 수 없을 만큼 고속으로 움직이고 있습니다.

　예를 들어, 유럽 원자핵 공동연구소(CERN)에 있는, 고에너지 물리 실험이 목적인 인류 최대의 대형 하드론 충돌형 가속기는 10^{12}eV라는 에너지까지 양성자를 가속시킬 수 있지만 우주 방사선은 그 에너지를 너끈히 뛰어넘습니다.

대기 밖·대기 안의 우주 방사선을 구성하는 입자

—— 1차 우주 방사선·2차 우주 방사선

우주 방사선에는 원자핵이나 소립자, 그리고 소립자의 복합체와 같은 다양한 성분이 포함되어 있습니다.

　우주 방사선의 종류를 우주 방사선의 성분, 발생 장소에 따라 분류하는 것이 아니라 생성 구조에 따라 분류하는 경우도 있습니다. 바로 1차 우주 방사선과 2차 우주 방사선이라는 구분 방식입니다.

● **우주 공간에서 날아온 1차 우주 방사선**

일본에서 많이 사용되는 정의에 따르면 **1차 우주 방사선**은 지구 대기 밖, 다시 말해 **우주 공간에서 지구로 향하는 것**을 가리킵니다. 이는 우주 방사선 입자의 종류와 무관하게 **양성자든, 전자든, 소립자든, 우주에서 날아온 것은 모두 1차 우주 방사선**입니다.

　이러한 지구 대기 밖에서 관측되는 우주 방사선에는 다양한 입자가 포함되어 있습니다.

　기구나 인공위성 등의 관측 결과에 따르면 그 **전형적인 입자는 전리된 원자핵**(원자에서 전자가 벗겨진 것)입니다. 우주 방사선의 약 90%는 양성자(전리된 수소 원자핵), 약 9%가 알파 입자(전리된 헬륨 원자핵), 나머지가 탄소나 산소, 철 등의 원자핵입니다.

　원자핵 이외에 소립자도 포함되어 있습니다. 그 대부분은 렙톤이라고 하는 물질을 구성하는 소립자입니다. 렙톤 중에서 가장 많은 입자는 전자이며, **뮤 입자(뮤온)** 또한 포함되어 있습니다.

1차 우주 방사선이 발생하는 구조는 다음과 같이 생각해볼 수 있습니다.

ⓐ 핵융합 반응

태양의 중심부에서는 핵융합 반응에 의해 4개의 양성자에서 헬륨 원자핵이 생성되고 있습니다.

$$4p^+ \rightarrow He^{2+} + 2e^+ + 2\nu_e$$

이때 **전자 중성미자**(ν_e)도 동시에 생성되는데, 이는 특히 **태양 중성미자**라고 불립니다. 이 또한 넓은 범위에서 보자면 우주 방사선의 일종입니다. 슈퍼 가미오칸데 등의 중성미자 관측시설에서 검출되고 있습니다.

또한 대기 중에서 뮤 입자가 생겨날 때나 뮤 입자가 붕괴될 때에도 중성미자가 생성되는데, 이는 **대기 중성미자**라고 불립니다.

ⓑ 우주 방사선과 H, He의 충돌

높은 에너지의 우주 방사선 양성자나 우주 방사선 알파 입자가 성간물질 안의 수소나 헬륨 원자핵과 충돌하면 지구 대기에서 2차 입자가 생성될 때와 마찬가지로 **파이 중간자**를 생성합니다. 이 파이 중간자 중 π_0 입자는 2개의 γ선으로 붕괴합니다.

$$\pi_0 \rightarrow 2\gamma$$

또한 높은 에너지의 우주 방사선 전자의 진행 방향이 성간 자기장에 의해 꺾일 때에도 γ선이 방출되고, 전자가 성간 공간의 광자와 충돌했을 때에도 γ선이 방출됩니다.

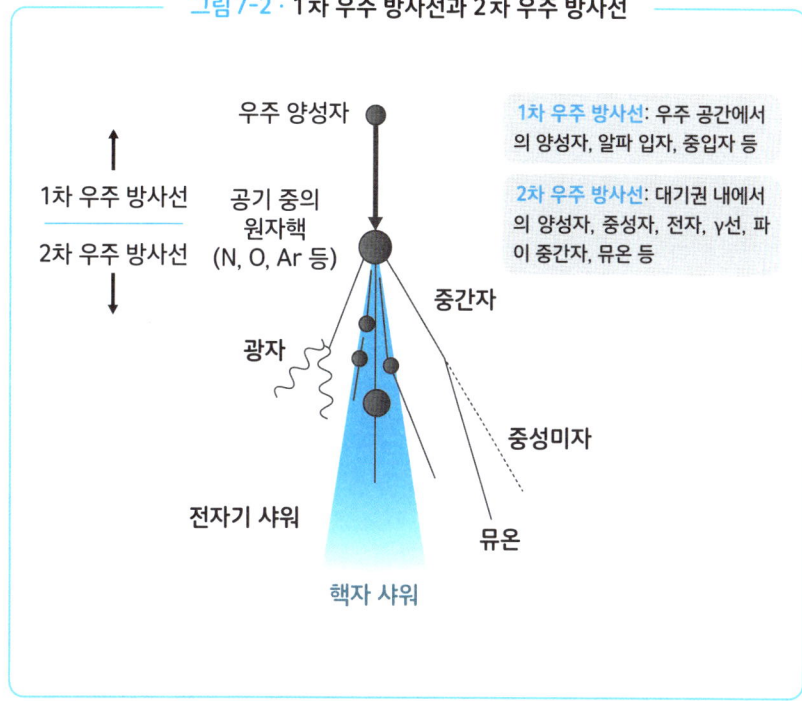

그림 7-2 · 1차 우주 방사선과 2차 우주 방사선

● **2차 우주 방사선은 지구에서 발생한 것**

우주에서 날아온 우주 방사선이 지구 대기와 충돌하면 더욱 많은 입자(2차 입자)를 생성합니다. 이것을 **2차 우주 방사선**이라고 부릅니다.

즉, 2차 우주 방사선은 '우주'라는 이름이 붙어 있지만 **우주에서 온 입자가 아니라 지구 대기 중에서 발생한 입자**인 셈입니다.

ⓐ **1차 우주 방사선의 충돌**

우주에서 날아온 우주 방사선이 지구의 대기 중으로 돌입하면 대기를 구성하는 기체 입자, 다시 말해 질소N_2, 산소O_2, 이산화탄소CO_2 등의 분자, 혹은 헬륨He, 네온Ne 등의 원자와 충돌하게 됩니다.

우주 방사선, 기체 입자 모두 대단히 작은 입자이기 때문에 충돌할 확률은 낮지만 지구 대기에는 방대한 숫자의 입자가 포함되어 있으므로 **1차 우주 방사선은 지구 대기를 그대로 지나칠 수 없는** 것입니다.

ⓑ 2차 우주 방사선의 성분

지상에 내리는 우주 방사선의 대부분은 이 2차 우주 방사선으로, 대부분을 **뮤 입자**가 차지합니다.

우주 방사선 양성자가 질소 원자핵과 충돌하면 **파이 중간자**라 불리는 입자를 생성합니다. 이 파이 중간자에는 π^+, π^-, π_0의 3종류가 있는데, 이 파이 중간자가 단시간에 붕괴하면 뮤 입자나 γ선을 생성합니다.

● 우주 방사선을 가속시키는 것은 무엇인가

먼 우주에서 발생한 우주 방사선이 본래의 상태 그대로 지구에 날아오리라는 법은 없습니다.

우주 방사선 전자는 초신성의 잔해나 중성자별에서 가속된다는 사실이 알려져 있습니다. 우주 방사선을 가속시키는 근원 중 우리와 가장 친숙한 것으로는 태양이 있습니다. **태양 플레어**라 불리는 태양 표면에서의 폭발 현상이 일어나면 **전자나 양성자가 가속되어 높은 에너지를 가진 우주 방사선으로 변하고, 지구 상공에서 오로라를 발생시킨다**는 사실이 알려져 있습니다.

또한 가속된 양성자나 헬륨 원자핵이 태양 대기와 충돌하면 높은 에너지를 지닌 중성자가 생겨나, **태양 중성자**라 불리는 우주 방사선이 됩니다.

우주 방사선과 오로라는 무슨 관련이 있을까?

── 태양풍으로부터 지구를 지키는 자기권

우주 방사선이라는 말을 듣고 **오로라**를 떠올리는 분도 많지 않을까요? 맞습니다. **오로라는 우주 방사선과 지구의 대기가 상호작용하면서 발생하는** 현상입니다.

● 오로라는 어디에서 볼 수 있는가

오로라란 북극권 등 극지방이라 불리는 지역에서 볼 수 있는, **지상에서 약 100km ~500km 상공에서 발생하는 발광 현상**을 말합니다.

  극지방 중에서도 특히 뚜렷하게 오로라를 관측할 수 있는 곳은 북반구의 북위 60도~70도 범위라고 합니다.

  오로라가 출현하는 빈도가 높은 범위를 '**오로라 벨트**'라고 부르는데, 북반구와 남반구에 각각 존재하지만 남반구의 오로라 벨트는 대부분이 바다 위이기 때문에 오로라를 감상할 장소로는 그다지 적합하지 않지요.

● 오로라가 발생하는 메커니즘

오로라가 발생하는 메커니즘에는 '태양의 활동'이 크게 관여하고 있습니다.

  우선 오로라가 생겨나는 최초의 공정은 태양 활동의 하나인 '**태양풍**'에서 시작됩니다.

  태양풍이란 태양의 표면에서 생겨나는 폭발로 인해 방출되는 플라스마로, 플라스

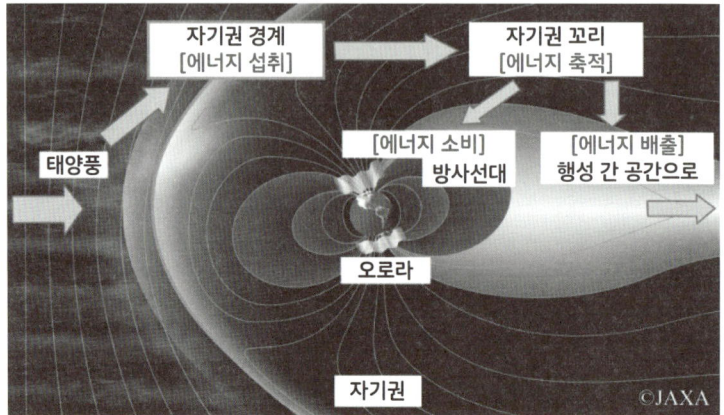

● 태양풍 에너지의 흐름과 자기권
(출처: 우주 항공 연구 개발기구·우주 과학 연구소 『태양풍을 큰 입으로 먹어치우는 자기권』)

마란 원자가 분해되어 생겨난 전자와 원자핵으로 이루어진 가스입니다.

태양풍의 성분은 우주 방사선과 거의 같지만, 차이는 그 속도에 있습니다.

태양풍의 속도는 매초 500~1000km 정도지만 우주 방사선의 경우는 초속 수만~수십만km로, 광속의 몇 분의 1에 해당하는 속도입니다.

따라서 운동 에너지 역시 우주 방사선 쪽이 차원이 다르게 높습니다.

이 태양풍이 지구로 향해 불어올 때, 지구에 악영향을 미치지 않게끔 **'자기권'**이라 불리는 자기장의 벽이 방어막처럼 유해한 에너지로부터 지구를 지켜주는 작용을 합니다.

다만, 이 자기권도 태양풍의 영향을 모두 막아내지는 못합니다. 자기권에 부딪친 태양풍은 때때로 태양에서 보았을 때 지구 반대편(밤)의 빈틈으로 침입하는 경우가 있습니다.

이후 태양풍에 포함된 플라스마 입자는 극지방으로 운반되고, 그곳에서 대기권 안에 있는 산소 원자나 질소 분자 등의 물질과 충돌해 에너지를 만들어내고 빛을 냅니다.

이러한 이유로 오로라는 밤에만 볼 수 있으며, 오로라 벨트에서 자주 발생하는 것입니다.

양자 세계의 창문

플라스마의 효용

플라스마는 우리의 생활과 동떨어진 것처럼 생각되지만 사실은 우리 주변에서도 찾아볼 수 있습니다. 오로라나 번개는 플라스마와 깊은 관계가 있는데, 양초의 불꽃 역시 그중 하나지요.

그렇다면 플라스마란 대체 무엇일까요.

얼음(고체)은 따뜻하게 데우면 물(액체)이 되고, 이를 100℃ 이상이 될 때까지 가열하면 증기(기체)로 변합니다. 그리고 이 기체를 한층 가열하면 원자를 구성하는 양의 원자핵과 음의 전자가 뿔뿔이 흩어져서 날아다니게 됩니다. 바로 이 상태가 플라스마입니다.

따라서 플라스마는 '고체', '액체', '기체'에 이은 '물질의 제4의 상태'라고도 불리는데, 어떻게 사용하느냐에 따라 빛을 방출하거나, 뭔가를 녹이거나, 새로운 물질을 만드는 등, 다양한 힘을 발휘한다는 사실이 알려져 있습니다.

주된 용도만 하더라도 산소 동위원소 분리, 탄소나노튜브 제조, 오존층 파괴 물질과 지구 온난화 물질인 프론 분해 등, 다양한 분야에서 이용되고 있으며, 그 쓰이는 분야는 한층 넓어지고 있습니다.

7-4

오로라의 색깔과 형태의 차이는 어디에서 생겨날까?

—— 색깔은 에너지의 차이

오로라는 색깔이나 형태에 다양한 차이가 있습니다. 잘 알려진 커튼 같은 형태 외에도 방사선형이나 아치형 등의 형태가 있습니다. 색깔도 핑크색, 빨간색, 파란색 등 다양하지요.

● **오로라의 세 가지 형태**

오로라의 형태로는 '코로나형', '커튼형', '아치형'의 3종류가 있습니다. 이는 오로라를 관측한 위치와 그 오로라가 얼마나 활발한지에 따라 달라집니다.

● 알래스카의 오로라

가장 활발하게 활동하는 오로라를 바로 아래서 올려다보면 코로나형이 됩니다. 코로나형 다음으로 활동 수준이 높은 오로라를 조금 거리를 둔 위치에서 보면 커튼형이 되고, 활발하지 않은 오로라를 제법 거리를 두고 보면 아치형이 됩니다.

● **오로라의 색깔 차이는 에너지의 크기**
<u>오로라가 빛을 내는 것은 대기 중 분자의 에너지 상태가 변화하기 때문</u>입니다.

에너지가 낮은 바닥 상태에 있는 대기 분자가 플라스마 입자와 충돌하면 플라스마의 에너지 E를 받아들여 에너지가 높은 들뜬 상태가 됩니다.

들뜬 상태는 불안정하므로 대기 분자는 본래의 바닥 상태로 돌아가려 합니다. 이때 불필요해진 E를 방출합니다. 이 E가 빛 에너지로 변해 빛나는 것이 바로 오로라의 빛입니다.

따라서 오로라의 색깔은 이 에너지 E에 의존합니다. E가 작으면 빨간색, 크면 보라색으로, 무지개의 원리에 따라서 달라집니다.

대기 분자는 고도가 낮아질수록 농도가 진해집니다. 또한 고공에서 침입한 플라스마 입자가 저공에 도달하려면 큰 에너지를 갖고 있어야만 하지요.

따라서 고도가 낮으면 E가 커지기 때문에 빛은 파란색이나 보라색을 띠게 되고, 고도가 높으면 E가 작기 때문에 빛은 붉어집니다.

실제로 고도 200km 정도에서는 빨간색의 오로라가 생겨나고, 고도가 100km가 되면 초록색이 되고, 80km까지 내려가면 보라색이나 핑크색으로 빛난다고 합니다.

● **일본에서도 오로라를 볼 수 있다?**
오로라는 쉽게 볼 수 있는 현상은 아니지만 일본에서도 오로라가 관측된 기록이 있습니다.

가장 오래된 기록은 『니혼쇼키(日本書紀)』에 기재된, 아스카 시대인 서기 620년의 기록입니다. 여기에는 스이코 28(620)년 12월 1일에 '하늘에 붉은 기운이 서려 있

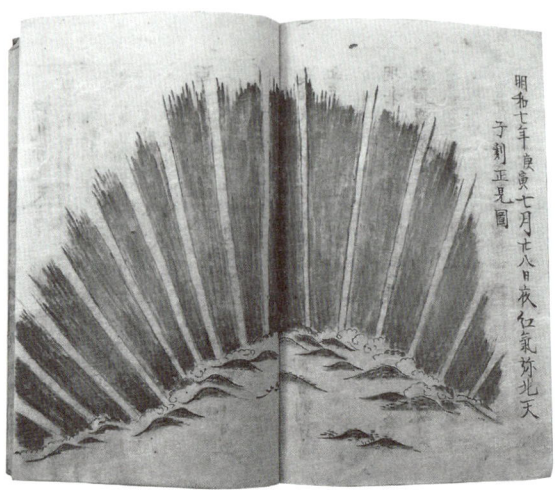

● 교토에 출현한 오로라: 1770년, 교토에 나타난 오로라의 그림. 『세이카이(星解)』라는 고서적에 그려져 있다.
(출처: 일본 미에현 마쓰사카시 제공)

다. 길이는 1장(약 3m-옮긴이)남짓. 생김새는 꿩의 꼬리를 닮았다'라고 기록되어 있습니다.

또한 에도 시대인 서기 1770년 9월 17일에는 무려 교토의 밤하늘의 절반을 뒤덮을 정도로 거대한 붉은 오로라가 출현했는지, 오로라가 부채꼴로 펼쳐져 있는 그림이 남아 있습니다.

최근의 사례로는 2023년 12월 1, 2일에 홋카이도의 저위도 지대에서 붉은색의 오로라가 육안으로 관측되었다고 합니다. 또한 2024년 5월 11일 밤부터 12일 새벽에 걸쳐서 홋카이도 각지에서 관측되었다고 하는 보고도 있습니다.

7-5 인체·인간사회에 미치는 우주 방사선의 영향

—— 전자파·오존홀

우주 방사선은 원자핵이나 소립자가 광속의 몇 분의 1에 해당하는 매우 빠른 속도로 날아드는 현상으로 매우 위험합니다. 이런 것과 정통으로 맞부딪쳤다간 목숨이 몇 개라도 남아나지 않겠지요.

우주 방사선이 그대로 지표에 날아 든다면 지구상의 생명체는 소멸해버릴 것이라고 합니다. 소멸하는 건 물론이거니와 애당초 생명체가 탄생하지조차 않았으리라는 말도 있지요.

하지만 생명체는 탄생했고, 지금도 82억 명의 사람들이 지구에서 힘차게 살아가고 있습니다. 그 이유는 무엇일까요?

● **우주 방사선이 인체에 미치는 영향**

인류가 우주 진출을 노리면서 우주 방사선이 인체에 미치는 영향이 본격적으로 논의되기 시작했습니다. 아폴로 계획에서 우주로 떠났던 비행사의 사망원인 중 순환기계 질환이 많은 이유는 우주 방사선 때문일지도 모른다는 설이 있다고 합니다.

화성 유인 착륙 계획 등, 우주 체류의 장기화나 한층 강한 우주 방사선 환경에서의 활동이 현실화되기 시작한 지금, 우주 방사선 방호 연구에 대한 기대와 관심은 점점 더 높아지고 있습니다.

방사선이 인체에 미치는 악영향은 초기 연구에서 이미 알려진 바 있습니다. **퀴리**

부인*이나 엔리코 페르미** 등 저명한 연구자들이 연구 중 방사선에 과도하게 피폭되어 질병으로 사망했습니다.

양성자나 탄소 등의 방사선은 현재 암세포 파괴 치료 등에도 사용되고 있지만, 양이나 에너지가 조절되고 있지 않은 환경에서 피폭되는 경우에는 쉽게 인체에 악영향을 끼칩니다.

● **우주 방사선이 사회생활에 미치는 영향**

태양 플레어 등으로 생성되는 X선과 지구 대기 중의 산소나 질소가 상호작용을 일으키면 대량의 전자가 발생합니다.

전자는 전자파의 원인이므로 고강도의 전자파(전자 펄스)가 발생하면 대전된 대기와 더불어 지구와 위성의 전파 통신을 방해하는 장애물로 작용합니다.

특히 강력한 전자 펄스가 발생했을 경우, 지구상의 전기·전자기기 등이 고장나게 되고, 교통이나 전력 등을 제어하는 기능을 잃게 되면서 사회에 막대한 피해를 끼칩니다.

또한 우주선에 탑재된 전자기기가 우주 방사선 때문에 오작동을 일으킨다는 사실도 알려져 있습니다.

이러한 영향에 대처하기 위해 전자 실드나 노이즈 필터를 이용한 방호장치의 개발·설치가 중요한 과제로 남아 있습니다.

---

* **마리 퀴리**(1867~1934): 폴란드 출신의 물리·화학자. 방사선 연구로 1903년에 노벨물리학상, 1911년에 노벨화학상을 수상했다. 1934년에 프랑스에서 세상을 떴는데, 사망 원인은 장기간의 방사선 피폭에 따른 재생 불량성 빈혈로 추정된다.

** **엔리코 페르미**(1901~1954): 이탈리아 출신의 물리학자. 통계역학, 양자역학, 원자핵물리학 분야에 업적을 남겨, 1938년에 노벨물리학상을 수상했다. 원자폭탄을 개발하는 맨해튼 계획의 중심적인 역할을 담당했다. 세계 최초의 원자로 운전에 성공해 '핵 시대의 건설자'라고도 불렸다.

● 오존층에 구멍이 뚫렸다

생물이 지구상에 안전하게 살아갈 수 있는 이유는 지구에 우주 방사선을 차단해주는 천연 방어막이 갖추어져 있기 때문입니다.

이는 바로 성층권에 존재하는 **오존층**으로, 여기에는 산소 분자O_2의 동소체인 오존 분자O_3가 존재합니다.

ⓐ 오존의 역할과 오존홀

우주 방사선이 오존 분자와 충돌하면 **오존이 우주 방사선의 에너지를 흡수해 산소 분자와 산소 원자로 분해**됩니다. 따라서 우주 방사선은 에너지를 잃고 더 이상 해를 끼치지 못하게 되지요.

한편, 산소 분자와 산소 원자는 오존 분자로 재결합해, 곧이어 날아들 우주 방사선에 맞섭니다.

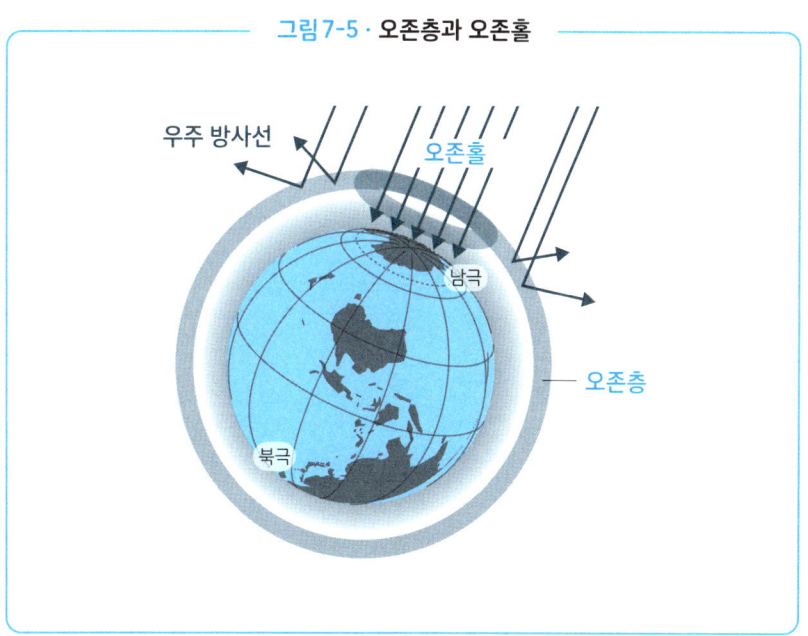

그림 7-5 · 오존층과 오존홀

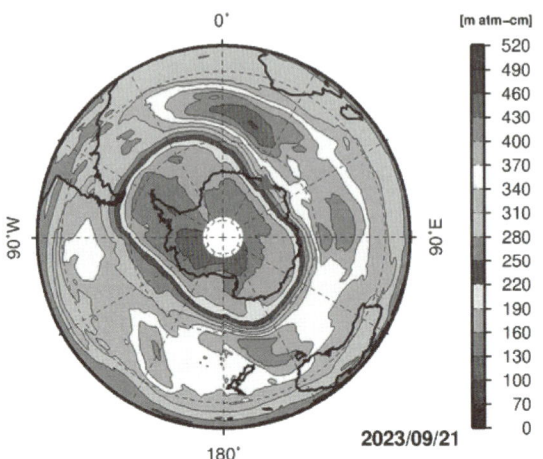

● 남극 오존홀: 2023년 9월 21일에 관측된, 최근 10년 사이에 세 번째로 큰 오존홀.
(출처: 일본 기상청 『미국 항공우주국(NASA)의 위성 데이터를 토대로 작성』에서 발췌)

 그런데 1985년, 남극 상공의 오존층에 구멍이 뚫렸다는 사실이 발견되면서 **오존홀**이라는 이름이 붙었습니다. 이 구멍으로 침입한 우주 방사선은 생물에 해를 끼쳤고, 이 우주 방사선 때문에 백내장이나 피부암 환자가 늘어났다고 합니다.

ⓑ **오존홀의 원인**

오존홀이 발생한 원인은 **탄소C, 염소Cl, 플루오린F으로 이루어진 인공 화합물 프론**이라는 사실이 밝혀졌습니다.

 자외선이 프론을 분해하면 염소 원자Cl가 발생합니다. 이 염소 원자가 오존 분자를 분해해, 산소 분자와 산화염소ClO를 발생시킵니다. 이 ClO는 또다시 오존을 공격해 2개의 산소 분자로 바꾸고 동시에 염소 원자Cl를 재생산합니다.

 이러한 과정이 반복됨에 따라 1개의 염소 원자가 수천 개의 오존 분자를 파괴합니다.

프론(CFCl) → 프론 잔기(CF) + Cl

Cl + O$_3$ → O$_2$ + ClO

ClO + O$_3$ → 2O$_2$ + Cl

이 반응은 **극성층권운**이라 불리는 얼음 구름으로 인해 빠르게 진행됩니다. 극성층권운이 남극에서 생성되기 쉽게 때문에 오존홀이 남극에서 자주 생겨나는 것입니다.

북극에서도 오존홀의 존재는 확인된 바 있지만 남극만큼 크지는 않습니다.

ⓒ **몬트리올 의정서**

몬트리올 의정서란, 오존층을 보호하기 위한 국제환경조약입니다. 1987년에 채택되어 1989년에 발효되었습니다.

이 의정서의 체약국은 선진국·개발도상국을 포함해 현재 198개국(2021년 현재)으로, 한국은 1992년에 가입했습니다.

몬트리올 의정서의 특징은 선진국뿐 아니라 개발도상국까지 포함해서 규제를 실시한다는 점입니다. 그리고 개발도상국이 대응할 수 있게끔 선진국이 기금을 마련하는 등, 개발도상국을 지원하기 위한 제도도 도입되어 있습니다.

이러한 점이 높게 평가받아 몬트리올 의정서는 '세계에서 가장 성공한 환경조약'이라 불립니다.

그 노력 덕분에 오존층이 개선되는 경향을 보이고 있다 합니다.

세계에는 아직 개선되지 않은 환경 문제가 많습니다. 몬트리올 의정서는 다른 환경 문제 해결을 위한 노력에 모범이 되는 사례라고 볼 수 있겠지요.

제 8 장

어떻게 현실세계에서 양자론을 활용할 수 있을까?

우주 방사선을 이용한 비파괴 검사와 정밀검사

—— 뮤 입자 투과법과 산란법

우주 방사선은 에너지가 매우 높기 때문에 뢴트겐 사진에 쓰이는 X선처럼 물체를 통과합니다. 이러한 성질을 이용하면 **물체를 분해하지 않고도 그 내부를 알 수 있지요.** 이러한 방법을 **비파괴 검사**라고 합니다.

1차 우주 방사선이 대기 분자와 충돌하면서 생겨나는 2차 우주 방사선은 그 70%가 **뮤 입자(뮤온)**이며, 나머지 대부분은 전자입니다.

지상에서는 1분 동안 1cm²당 약 1개의 뮤 입자가 떨어집니다. 피라미드의 비파괴 검사 등에 이용되는 것이 이 뮤 입자입니다.

뮤 입자는 에너지가 크고 투과력이 강하며, **산란각**은 충돌한 원자핵의 원자번호에 비례해 커집니다.

● **뮤 입자를 이용한 비파괴 검사**

ⓐ **뮤 입자 투과법**

뮤 입자가 물질을 투과할 때는 물질의 밀도나 투과 거리에 따라 그 일부가 물질에 흡수되므로, 투과 입자를 사진 건판(필름, 검출기)에 감광시키면 뢴트겐 사진과 같은 사진을 얻을 수 있습니다.

이를 분석하면 내부 구조를 알 수 있지요.

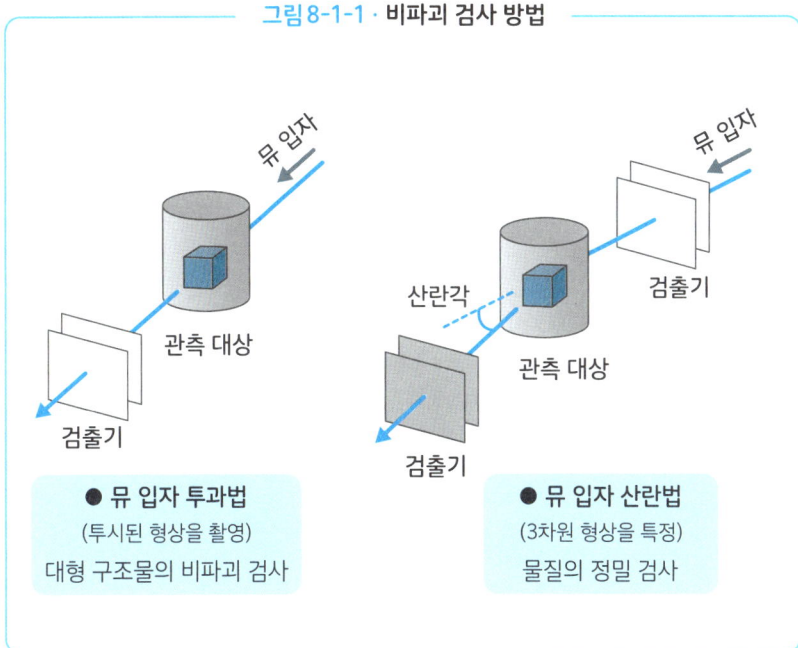

ⓑ 뮤 입자 산란법

관측 대상의 앞뒤로 검출기를 놓고, 뮤 입자의 산란각을 관측해서 내부 구조를 추정합니다. 투과법보다 정밀하게 측정할 수 있습니다.

● 원자로의 핵연료 잔해 탐사

2011년에 일어난 일본 후쿠시마현 원자로 사고에서는 핵연료가 녹아내리는 사태가 일어났습니다. **용융 원료**(핵연료 잔해)의 일부는 원자로의 압력용기를 녹이고 지하에 도달했을 가능성도 있다고 하지요.

 이 연료를 꺼내려면 연료가 어디에 있는지를 알아내야만 합니다. 방사선 레벨이 높은 원자로 안으로 들어갈 수 있는 것은 로봇밖에 없지만, 로봇 역시 원자로 내부의 잔해에 가로막혀서 나아가기가 곤란했습니다.

 여기서 등장한 것이 뮤 입자를 이용한 측정법입니다.

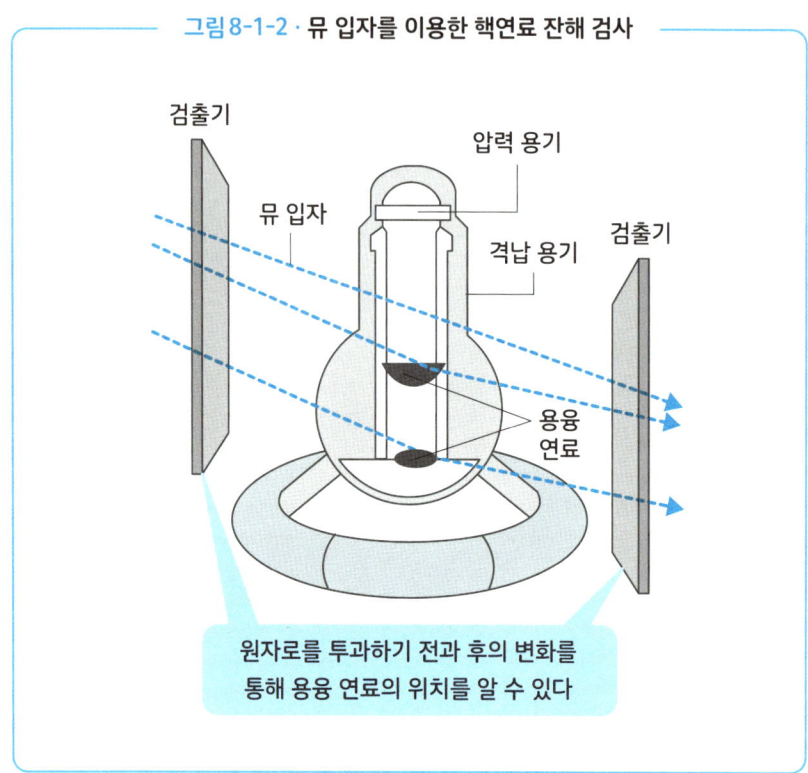

그림 8-1-2 · 뮤 입자를 이용한 핵연료 잔해 검사

원자로를 투과하기 전과 후의 변화를 통해 용융 연료의 위치를 알 수 있다

  그림8-1-2와 같은 원리에 따라 원자로에 침입한 뮤 입자는 원자번호 92라는, 자연계에 존재하는 원자로서는 가장 큰 원자번호인 우라늄에 산란하면서 진행 경로를 변경합니다.

  이 입사각도와 산란각도의 차이를 통해 용융 연료가 어디에 있는지를 찾아낼 수 있습니다.

뮤 입자로 증명한 상대성 이론

―― 극소는 극대로 통한다

극도로 작은 입자가 극도로 작은 공간 내부에서 어떻게 움직이는지 밝혀내는 것이 바로 **양자론**입니다. 한편 **우주라는 극도로 넓은 세계에서 날아다니는 물체의 운동을 밝혀내는 것이 바로 상대성 이론**이지요.

하지만 '극소는 극대로 통한다'라고 하듯이, 양자론과 상대성 이론은 서로 도우면서 발전해왔습니다. 어쩌면 우리가 매우 크다고 생각하는 우주만 하더라도 신의 관점에서 본다면 매우 작은 존재에 불과할지도 모릅니다.

그러한 양자론에 지배되는 극소 입자인 우주 방사선이 상대성 이론의 올바름을 증명해준 사례를 살펴보겠습니다.

● **빛보다 빠른 물질은 존재하지 않는다**
상대성 이론은 '**우주에서 가장 빠르게 움직이는 입자는 광자로, 그 속도를 넘어서는 물질은 존재하지 않는다**'라는 가정하에 성립되어 있습니다. 이 가정은 옳을까요?

그리하여 2011년에 실시된 실험에서 속도가 측정된 것이 바로 뮤 입자와 동일한 렙톤족의 중성미자였습니다(36페이지 참조). 이는 어떠한 물질과도 상호작용하는 일이 없으므로 공기, 물, 암석, 어떠한 곳이든 관통하며 직진합니다. 이러한 성질을 이용해 지구상의 두 점 사이의 거리와 그 사이를 이동하는 데 필요한 시간을 정밀하게 측정했습니다.

그 결과, 중성미자의 이동 속도는 놀랍게도 광자보다 빠르다는 측정 결과를 얻을 수 있었지요. 한때는 전 세계가 이 화제로 떠들썩했습니다. 하지만 결국 측정 오차 범위에 들어간다는 사실이 밝혀지면서 화제 역시 가라앉았지요. 하지만 이 사실은 반대로 광속보다 빠른 속도는 존재하지 않는다는 사실을 강하게 역설하는 결과를 낳았습니다.

● **고속으로 비행하는 동안은 시간이 천천히 흐른다**

뮤 입자는 매우 수명이 짧은 입자로, 그 수명은 50만 분의 1초입니다. 이래서는 이동할 수 있는 거리도 뻔하겠지요. 뮤 입자의 이동 속도가 광속에 가깝다 하더라도 이렇게나 짧은 시간 동안 비행할 수 있는 거리는 600m 정도에 불과합니다.

그런데 관측에 따르면 2차 우주 방사선인 뮤 입자는 지상 10km 정도의 상공에서 생겨남에도 불구하고 지상에서 관측됩니다. 어떻게 그처럼 긴 거리를 이동할 수 있는 걸까요?

이야말로 상대성 이론에서 가장 유명한 원리인 '**고속으로 움직이는 경우 시간이 천천히 흐른다**'가 실제로 나타난 결과지요.

즉, 광속으로 나아가는 뮤 입자에게 시간이 천천히 흐르기 때문에, 그 수명은 50만 분의 1초에서 10배 정도로 늘어난다는 뜻입니다. 따라서 비행 거리도 600m가 아니라 그 10배인 6km 정도가 되기에 지상에서도 관측되는 것입니다.

'광속 로켓을 타고 우주 탐험을 떠난 형이 지구로 돌아와 보니, 형보다 나이를 먹은 동생이 마중을 나왔다'라는 이야기도 현실적으로 느껴지네요.

현대 화학을 이끌어낸 양자화학의 탄생

―― 궤도대칭성의 이론

양자론이 눈에 보이는 형태로 성공을 거두고, 과학 연구에 공헌한 전형적인 사례는 **양자화학**이라 해도 과언이 아닐 겁니다.

이는 양자론이 본래 화학 연구와 밀접하게 관련된, **원자의 전자 구조를 밝혀내는 과정에서 탄생한 이론**이라는 배경 때문이기도 합니다.

● **정전기적 인력으로는 설명할 수 없는 화학결합이란**

양자론에 의해 원자의 구조가 세부적인 부분까지 명확하게 밝혀지면서 원자의, 특히 광학적인 측정 결과를 양자화학으로 빠짐없이 합리적으로 설명할 수 있게 되었습니다.

그 설명의 근거가 되는 원자의 전자 구조, 다시 말해 전자 배치는 제3장에서 살펴본 그대로입니다.

양자화학이 특히 화학에 공헌한 점은 **화학결합** 분야가 아닐까요. 화학결합이란 2개의 원자를 연결시키는 힘입니다.

화학결합에는 **이온결합**, **공유결합** 등 많은 종류가 있지만, 그 대부분은 원자 간에 작용하는 **정전기적 인력**으로 설명할 수 있지요.

하지만 정전기적 인력으로는 설명할 수 없는 결합도 있습니다. 바로 **공유결합**입니다. 가장 단순한 공유결합은 2개의 수소 원자를 결합시켜 수소 분자로 만드는 결합입니다.

공유결합은 이처럼 간단한 분자를 만들어낼 뿐만 아니라 거의 대부분의 유기화합물(단백질이나 DNA 같은 복잡한 분자도 포함됩니다)을 만들어내는 결합입니다.

공유결합의 가장 큰 특징은 수소 원자같이 **전기적으로 중성인 원자도 결합한다**는 사실입니다.

● **결합성 궤도와 반결합성 궤도란**

결합의 화학에 양자론이 안겨준 최고의 공적은 반결합성 궤도라는 개념을 생각해냈다는 사실이겠지요(4-1 단원 참조).

원자를 구성하는 전자가 원자궤도라는 궤도에 들어가듯이, 분자를 구성하는 전자는 분자궤도라는 궤도에 들어갑니다.

분자궤도에는 **결합성 궤도**와 **반결합성 궤도**라는 2종류가 있는데, 원자 사이에 공유결합이 형성될 때, 결합하는 두 원자의 원자궤도에서 쌍을 이루어 생성됩니다.

결합성 궤도는 원래의 원자궤도보다 에너지가 낮고, 반대로 반결합성 궤도는 에너지가 높습니다.

전자가 결합성 궤도에 들어가면 분자는 안정화되고, 결합을 생성해 분자가 됩니다. 하지만 반결합성 궤도에 들어가면 분자는 불안정해지고, 결합은 소멸되어 원래의 분자 상태로 돌아가지요.

이처럼 반결합성 궤도라는 개념을 통해 우리는 결합이나 분자의 안정성뿐 아니라, 분자의 성질이나 반응성까지 한층 정확하게 추정해낼 수 있습니다.

또한 수소 분자는 존재하지만 헬륨 분자는 존재하지 않는다는 사실을 지극히 합리적이며 간단하게 설명할 수 있게 되었습니다.

● **전자 전이에 의한 '들뜬 상태'와 '바닥 상태'**

양자화학에 따르면 분자의 전자는 궤도 사이를 이동할 수 있으며, 이러한 현상을 '전

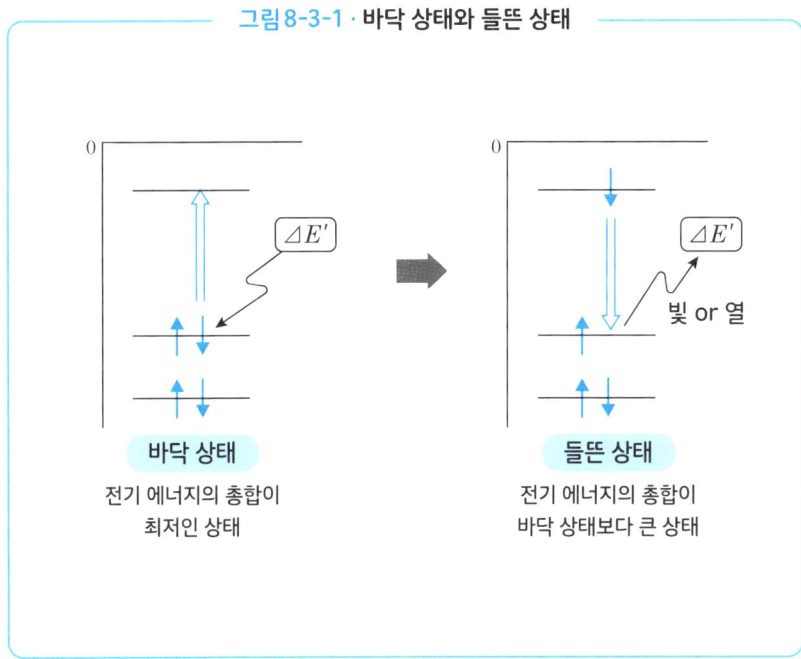

그림 8-3-1 · 바닥 상태와 들뜬 상태

바닥 상태
전기 에너지의 총합이
최저인 상태

들뜬 상태
전기 에너지의 총합이
바닥 상태보다 큰 상태

자 전이'라고 합니다.

  분자에 광자와 같은 고에너지 입자가 충돌하면 분자의 전자는 그 에너지 ΔE'를 받아 더욱 에너지가 높은 궤도로 이동합니다. 에너지가 높은 이 상태를 '**들뜬 상태**', 반대로 에너지가 낮은 이전의 상태를 '**바닥 상태**'라고 합니다.

  들뜬 상태는 불안정하므로 여분의 에너지 $\Delta E'$를 방출하고 다시 바닥 상태로 돌아갑니다. 이때, $\Delta E'$를 **열 에너지로서 방출할 경우에는 발열**, **빛 에너지로서 방출할 경우에는 발광**이라고 합니다.

  스마트폰이나 텔레비전, 컴퓨터 화면에 사용되는 **유기EL**이 빛을 내는 이유는 들뜸을 위한 에너지를 전기 에너지로 받아들이고, 이를 빛 에너지의 형태로 방출하기 때문입니다.

  분자는 흡수한 빛 에너지를 이용해 화학반응을 일으키기도 합니다. 이러한 **빛 에너지에 의해 일어나는 반응**을 특히 '**광화학반응**'이라고 합니다.

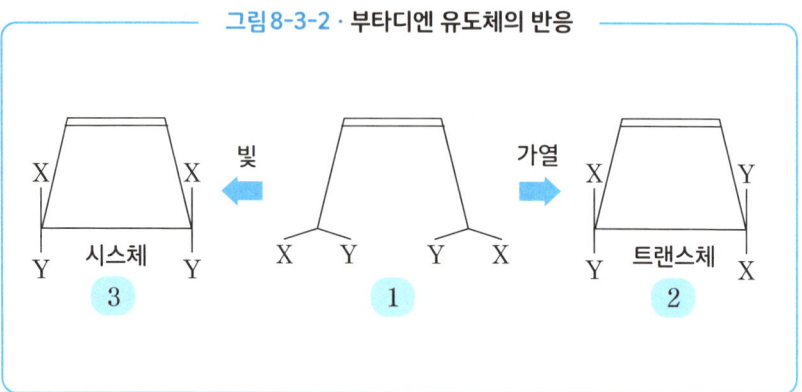

그림 8-3-2 · 부타디엔 유도체의 반응

● **입체이성질체를 해명한 이론**

열에너지에 의해 일어나는 일반적인 반응, 다시 말해 **열화학반응**과 **광화학반응**의 경우, 그 양상이 전혀 다릅니다.

그림8-3-2는 부타디엔 유도체($H_2C=CH-CH=CH_2$) 1의 반응입니다. 열화학반응에서는 2가 되지만 광화학반응에서는 3이 됩니다. 그 반대의 반응은 결코 일어나지 않지요.

2와 3의 차이는 치환기 X와 Y의 방향 차이에 있습니다. 2와 3과 같은 분자들을 **입체이성질체**라고 하며, 전혀 다른 성질과 반응성을 가집니다.

이러한 현상은 많은 분자에서 발견되었는데, 그 메커니즘은 오랫동안 밝혀지지 않았습니다. 이 문제를 간단하고 명료하게 해결한 것이 **우드워드***와 **호프만****이라는 두 화학자가 주장한 '**궤도 대칭성 이론**(우드워드-호프만 법칙)'입니다.

양자론에 근거해 슈뢰딩거가 도출해낸 슈뢰딩거 방정식의 근사해(近似解)를 구하는 방법 중 하나로 '**분자궤도법**'이라는 기술이 있습니다.

---

* 로버트 번스 우드워드(1917~1979): 미국의 유기화학자로 '20세기 최대의 화학자'라 칭송받았고, 1965년에 노벨화학상을 수상했다.

** 로알드 호프만(1937~): 미국의 화학자. '우드워드-호프만 법칙'을 밝혀내 1981년에 노벨화학상을 수상했다. 이때 우드워드는 이미 세상을 뜬 상태였기에 노벨상의 재수상은 불가능했다.

이 방법의 기본은 유기분자를 탄소 원자로 이루어진 사슬(탄소 사슬)로 간주해, 그 분자궤도를 탄소 원자의 p원자궤도를 이용해 근사(近似, 비슷한 답을 구함)하는 것입니다.

그러면 유기 분자의 분자궤도함수는 탄소 사슬 위에 퍼져 있는 파동으로 표현됩니다. 이 파동은 탄소 사슬을 구성하는 탄소의 개수만큼 존재하며, 각각의 에너지와 형태(위상)가 다릅니다.

이 에너지의 차이에 주목하면 그림8-3-1에서 본 들뜬 상태, 바닥 상태가 나타나고, 에너지 수수(授受, 주고받음) 문제가 해결되어 발광 현상을 매끄럽게 설명할 수 있습니다.

● **궤도 대칭성 이론**

이번에는 **파동함수**의 대칭성을 이용해보고자 합니다. 그림8-3-3에 나타난 것은 탄소 4개로 이루어진 유기분자, 부타디엔($H_2C=CH-CH=CH_2$)의 이중결합 부분의 파동함수입니다.

탄소 원자의 원자궤도에 붙어 있는 '그림자'는 궤도함수의 +와 −를 나타냅니다. 그림자가 있는 쪽을 +로 봐주세요. 탄소의 수가 4개이므로 파동함수 역시 4개가 존재하는데, 그중 에너지가 낮은 2개는 **결합성 궤도**이며, 에너지가 높은 2개는 **반결합성 궤도**입니다.

전자는 에너지가 낮은 궤도부터 차례대로 2개씩 들어갑니다. 바닥 상태에서 전자가 들어 있는 궤도 중 에너지가 가장 높은 궤도는 ψ_2(프사이2)입니다. 이 궤도를 '**최고 점유 분자궤도(HOMO)**'라고 합니다.

이 분자에 빛이 닿으면, 최고 점유 분자궤도의 전자가 1개 위의 궤도인 ψ_3으로 전이해 들뜬 상태가 됩니다. 이 궤도 ψ_3을 '**최저 비점유 분자궤도(LUMO)**'라고 합니다.

여기서 중요한 점은 **가장 에너지가 높은 궤도(프론티어 궤도)에 들어 있는 전자가 화학반응을 지배한다**는 사실입니다. 이는 원자의 화학적 반응성을 지배하는 것은 가장 에너지가 높은 전자껍질(최외각)에 들어 있는 전자, 다시 말해 '**최외각 전자**, **원자**

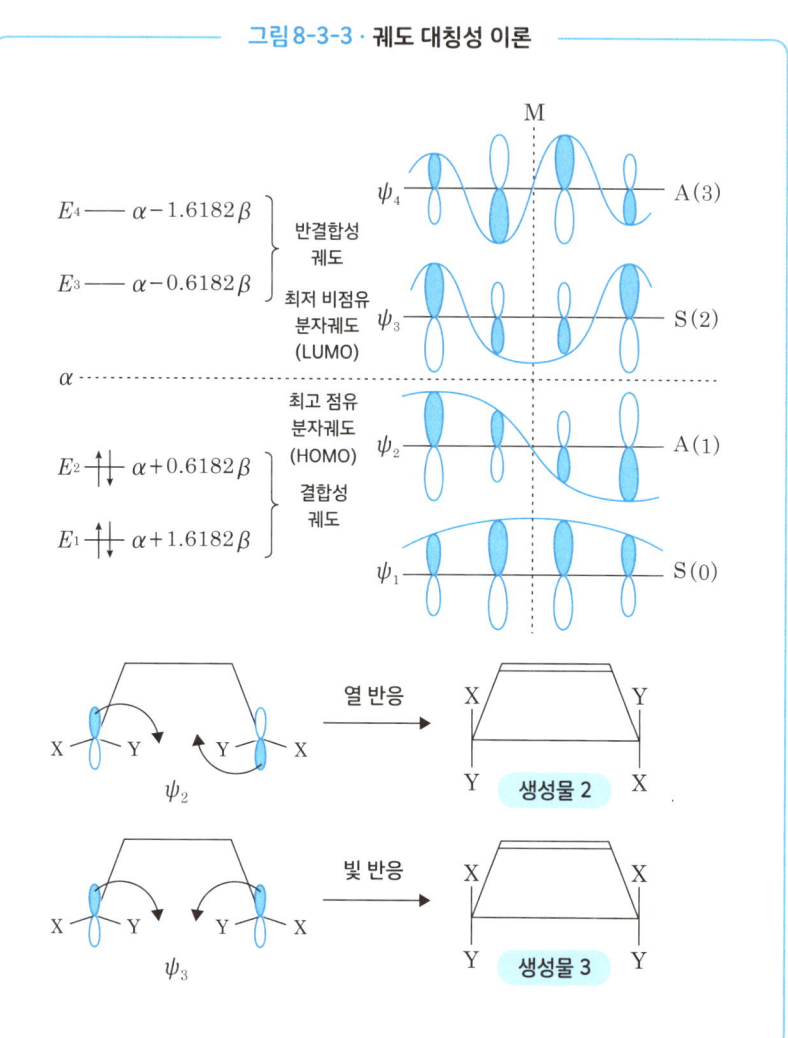

그림 8-3-3 · 궤도 대칭성 이론

가 전자'라는 사실과 같은 이유입니다.

즉, **바닥 상태의 반응**(열 반응)**을 지배하는 것은 최고 점유 분자궤도**(HOMO) ψ_2**이며, 들뜬 상태의 반응**(빛 반응)**을 지배하는 것은 최저 비점유 분자궤도**(LUMO) ψ_3인 것이지요.

파동함수의 형태를 보면 ψ_1과 ψ_3은 좌우대칭입니다. 반면 ψ_2와 ψ_4는 비대칭입니다. 각각을 **대칭함수**, **반대칭함수**라고 부릅니다.

● **양자론에 의한 현대 과학의 성과**

양자화학에 따르면 원자궤도가 결합될 때에는 결합되는 부분의 위상(+, -)이 맞게끔 겹쳐지게 됩니다.

즉, 열 반응을 지배하는 ψ_2에서 +와 +가 겹쳐지게끔 궤도가 회전하면, 생성물은 2가 됩니다(그림8-3-3의 아래쪽 그림). 한편 빛 반응을 지배하는 것은 ψ_3이므로, 여기서 +와 +가 겹쳐지게끔 회전하면 생성물은 3이 되지요.

다시 말해 궤도의 대칭성에 유의한다면 반응을 이토록 쉽게 설명할 수 있다는 뜻입니다.

이러한 과정을 반복하면서 양자론적 사고법과 기술은 현재의 화학에는 없어서는 안 될 도구로 자리를 잡았습니다. 현대화학이 여기까지 발전한 것은 양자론 덕분이라 해도 과언이 아니겠지요.

양자역학을 이용한 양자 컴퓨터란?

—— 양자 컴퓨터의 특기 분야

'양자'에 관한 화제로 뉴스에 자주 언급되는 것이 '**양자 컴퓨터**'입니다.

양자 컴퓨터는 **양자역학 현상을 정보처리 기술에 적용**한 것으로, 기존의 컴퓨터(고전 컴퓨터)로는 쉽게 풀지 못하는 복잡한 계산을 처리할 수 있는 컴퓨터입니다.

양자 컴퓨터는 '**양자 중첩**'이나 '**양자 얽힘**'과 같은 양자론 특유의 현상을 이용해 여러 계산을 동시에 진행시키는 병렬 계산을 시행합니다. 그 결과, 고속 계산이 가능해지기 때문에 다양한 분야에서 활용될 것으로 기대를 모으고 있지요.

아직 연구 단계라서 실용적으로는 완성되지 않았지만 시제품 단계의 제품은 가동 중이라고 합니다.

그럼, 양자 컴퓨터란 어떤 도구일까요?

● **양자 컴퓨터가 이용하는 '양자 비트'란**

우리가 현재 사용하는 컴퓨터는 0과 1이라는 두 숫자를 사용해서 계산을 합니다. 즉, 전기 신호가 없는 상태를 0, 전기 신호가 있는 상태를 1로 보고, 0과 1의 2진법으로 계산하는 것이지요.

이 '0 또는 1'이라는 정보의 기본 단위를 '비트'라고 부릅니다.

한편 양자 컴퓨터의 경우에는 '**양자 비트**'를 사용합니다. 이는 0이라는 상태와 1이라는 상태를 '중첩시킨 비트'로, 0과 1 모두를 동시에 나타낼 수 있다고 여겨집니다.

그림 8-4 · 고전 컴퓨터와 양자 컴퓨터의 차이

	연산 단위(비트)	계산의 이미지	특징
고전 컴퓨터	비트 0 또는 1 0과 1 중 하나의 값	×1 → f(0) → a ×2 → f(1) → b ×3 → f(2) → a ×4 → f(3) → a 모든 입력에 대해 매번 계산한 후 해답을 평가 답은 a	○ 튜링 기계 △ 입력 횟수가 늘어나면 계산 비용이 비약적으로 증대
양자 컴퓨터	양자 비트(Qubit) 0 1 0과 1의 중첩 상태 (0이기도 하며 1이기도 함)	×1 ×2 ×3 ×4 → f → a 확률적으로 출력 중첩 상태를 이용해 일괄 계산	○ 병렬 계산 △ 양자 상태가 깨지기 쉬운 해답은 확률적으로 출력되기 때문에 여러 번 계산해야 함

(출처: 노무라 종합 연구소 『양자 컴퓨터』에서 발췌)

동전을 회전시켜서 넘어졌을 때 앞과 뒤를 맞추는 상황을 가정해봅시다. 넘어진 상태의 비트가 '기존 컴퓨터의 비트'로, 앞과 뒤 2종류밖에 없습니다. 반면 회전하고 있는 상태의 비트가 바로 '양자 컴퓨터의 비트'로, 앞과 뒤 모든 상태가 중첩되어 있다고 생각하면 이해하기 쉽지 않을까요.

● **양자 컴퓨터의 계산 결과**

양자 컴퓨터의 경우에는 앞과 뒤가 중첩된 비트로 계산을 하기 때문에 도출되는 해답이 하나가 아닙니다. 여러 개의 답이 나오지요.

물론 정답은 하나입니다. 그렇다면 여러 개의 답 중에서 하나의 정답을 발견하려면 어떡해야 할까요?

그러기 위해 같은 계산을 여러 번 반복합니다. 그 결과, 모든 계산을 합쳐서 나온 답이 A~Z까지 총 26개였다고 가정하겠습니다.

하지만 계산 한 번으로 도출되는 결과는 26개가 아닙니다. 그중에서 5개 정도가 고개를 내밀지요.

그러면 계산을 거듭하는 사이에 여러 번 고개를 내미는 답과 가끔 고개를 내미는 답이 등장합니다. 이를 <mark>출현 확률</mark>이라고 합니다. 즉, **출현 확률이 높은 답이 정답**이라는 말이 됩니다.

● **양자 컴퓨터로 할 수 있는 것**

수많은 비트가 조합된 계산을 수행할 때, 기존의 컴퓨터의 경우 한 번에 하나의 조합밖에 처리하지 못합니다. 이래서는 복잡한 계산을 할 때에는 방대한 양을 처리해야만 하기에 많은 시간이 걸리고 맙니다.

하지만 양자 비트를 사용한 계산의 경우, 여러 개의 조합을 동시에 진행시킬 수 있습니다. 따라서 동시에 처리할 수 있는 계산의 숫자가 천문학적으로 늘어나며, 계산 속도는 현재의 슈퍼컴퓨터를 아득하게 뛰어넘을 수 있다고 합니다.

양자 컴퓨터의 특기 분야는 다양한 요소의 조합 중에서 가장 나은 것을 찾아내는 '**조합 최적화 문제**'라고 합니다.

특히 암호 설계, 해독, 인공지능 개발 등에서 능력을 발휘할 것이라 합니다. 그러니 양자 컴퓨터가 실용화된다면 인공지능 연구는 크게 발전하리라 기대를 모으고 있지요.

2019년에 밝혀진 블랙홀의 존재

―― 블랙홀의 종류

2019년, 그전까지 SF의 세계에서만 이야기되던 <u>블랙홀</u>의 사진이 공개되면서 전 세계가 충격에 빠졌습니다.

블랙홀은 **우주에서 가장 빠른 빛조차 탈출할 수 없을 정도로 중력이 강하다**고 여겨지는 천체입니다. 따라서 빛으로는 관측할 수 없으므로 우주에 뚫린 검은 구멍처럼 보일 것이라는 생각에 블랙홀이라 불리게 되었지요.

● 초대질량 블랙홀: 국제 협력 프로젝트, 이벤트 호라이즌 텔레스코프로 촬영한 은하 M78 중심의 거대 블랙홀의 그림자. 2019년 4월 10일에 '거대 블랙홀과 그 그림자의 존재를 사진을 이용해 최초로 증명하는 데 성공했다'라고 발표했다.
(출처: 일본 국립 천문대·Credit: EHT Collaboration)

● **블랙홀로부터의 탈출 속도**

로켓이 천체 표면에서 중력을 떨쳐내고 날아가기 위해서는 탈출 속도라 불리는 일정한 속도가 필요합니다.

예를 들어, 지구의 중력으로부터 탈출하려면 적어도 초속 약 11.2km의 속도가 필요합니다. 이 탈출 속도는 천체의 질량이 크고 지름이 작을수록 커집니다.

거대한 질량이 지극히 좁은 영역에 압축되어서 주변의 시공간이 크게 일그러져 있는 블랙홀의 경우, 탈출 속도는 광속을 웃돌게 됩니다.

블랙홀 밖에서 날아든 빛도 강한 중력 때문에 진행 방향이 휘어져버리고, 일정 거리까지 다가가면 블랙홀에서 탈출할 수 없게 된다고 알려져 있습니다. 빛이 블랙홀의 중력에서 탈출할 수 있는 한계 거리는 '슈바르츠실트 반지름'이라고 불립니다.

블랙홀 자체를 직접 보기란 원리상 불가능하지만 간접적으로 관측할 수는 있습니다.

블랙홀의 강한 중력에 끌려들어간 가스 등의 물질은 빨려들어 가면서도 블랙홀 주변을 고속으로 회전하는 '강착원반'을 형성합니다.

원반이라 표현했지만 그 중심에는 블랙홀이 존재하고 있을 테니 실제로는 폭이 넓은 고리 같은 구조를 띠고 있다고 여겨집니다.

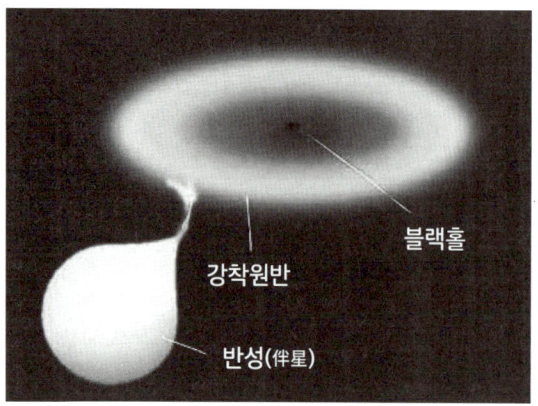

● 블랙홀과 강착원반의 상상도: 블랙홀 주위를 회전하는 가스 원반
(출처: 일본 우주 과학 연구소)

이 강착원반은 빛(전자파)을 방출하기 때문에 그 모습을 자세히 관측하면 블랙홀의 성질을 간접적으로 조사할 수 있습니다.

● **블랙홀의 종류**

블랙홀은 몇 가지 종류로 나뉩니다. 그중에서도 태양의 수 배~수십 배의 질량을 가진 '**항성질량 블랙홀**'과, 태양의 10만 배~10억 배 이상의 질량을 가진 '**초대질량 블랙홀**', 이 두 가지는 특히 연구가 진행되어 있습니다.

항성질량 블랙홀은 초신성 폭발을 일으킨 항성에서 유래한 블랙홀이라 받아들여지고 있습니다. 질량이 태양의 8배보다 무거운 항성은 최종적으로 초신성 폭발을 일으키고, 외층(外層)이 날아가게 됩니다.
　이때, **남겨진 중심 부분의 질량이 태양의 약 3배 이상일 경우, 자신의 중력에 수축되는 중력 붕괴가 계속해서 이어진 결과, 블랙홀이 탄생하는** 것으로 보입니다.
　초신성 폭발 후에 블랙홀을 형성하는 경우는 대개 질량이 태양의 20배 이상인 항성이라고 합니다.
　폭발 후에 남은 중심 부분의 질량이 태양의 약 3배 이하였을 경우에는 블랙홀이 아닌 중성자별이 탄생하는 것으로 보입니다.
　또한 질량이 태양의 150배에서 300배인 대질량성(大質量星)이 초신성 폭발을 일으켰을 경우, 폭발이 지나치게 거세기 때문에 블랙홀이 남지 않을 가능성을 제시한 연구 결과가 발표된 바 있습니다.
　나머지 하나인 **초대질량 블랙홀**은 **대부분 은하의 중심 부분에 존재하는** 것으로 보입니다.
　우리 은하의 중심에 존재할 것이 확실시되는 초대질량 블랙홀은 태양의 약 400만 배, 지금까지 유일하게 그림자가 촬영된 M87의 초대질량 블랙홀(앞서 소개된 사진)은 태양의 65억 배나 되는 질량을 가진 것으로 알려져 있습니다.

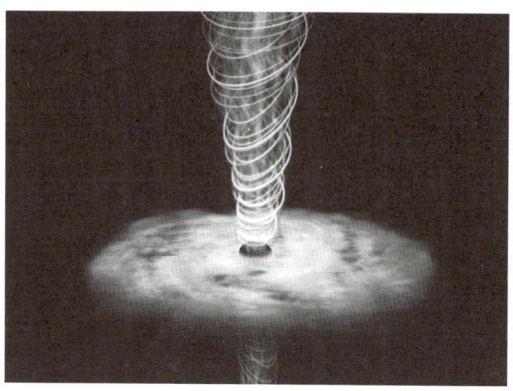
● 퀘이사의 이미지

이러한 초대질량 블랙홀은 은하 전체보다도 밝게 빛나는 **퀘이사**와 같은 **활동은하핵**(강한 전자파를 내뿜는 은하의 중심부)의 원동력이 아닐까 생각됩니다.

● **블랙홀의 호킹 복사**

블랙홀의 질량은 주변으로부터 가스 등의 물질을 빨아들이면서 증가합니다.

 한 번 슈바르츠실트 반지름 안쪽으로 들어갔다간 빛의 속도로도 탈출할 수 없는 블랙홀은 주변의 천체를 계속해서 빨아들이며 영원히 성장할 것만 같습니다.

 하지만 실제로는 양자역학적인 효과에 의해 에너지를 방출하면서 오랜 시간에 걸쳐서 증발해 사라질 수도 있다고 여겨집니다. 이 현상은 제창자인 스티븐 호킹의 이름에서 따 '**호킹 복사**'라고 불립니다.

 예전에는 블랙홀이 성장하는 속도에는 한계가 있다고 여겨져 왔습니다. 하지만 초기의 우주에서는 **빅뱅으로부터 10억 년도 지나지 않은 시점에 이미 초대질량 블랙홀이 존재했다**는 사실이 관측 결과를 통해 제시된 바 있습니다.

 이러한 사실을 바탕으로, 초기 우주에서는 항성질량 블랙홀이나 중성자별이 은하의 중심에서 반복적으로 합쳐졌을 가능성, 혹은 항성의 형성과 초신성 폭발을 거치지 않고 가스 덩어리가 직접 붕괴해 블랙홀이 탄생했을 가능성이 제기되고 있습니다.

초전도 발생 기구의 해명과 새로운 초전도체의 발견

―― 임계온도의 향상

금속은 온도가 낮아지면 **전기 전도도**가 높아지는데, 어떤 종류의 금속은 극저온의 **임계온도** 이하가 되면 전기 전도도가 무한대, 즉 전기 저항이 0인 상태가 됩니다. 이러한 상태를 **초전도 상태**라고 부릅니다.

● **초전도는 어떻게 이용할 수 있을까**

초전도 상태에서는 코일에 열을 발생시키지 않고도 많은 양의 전류를 흘려보낼 수 있기 때문에 강력한 전자석(**초전도 자석**)을 만들 수 있습니다.

이를 이용해 **뇌의 단층 사진을 촬영하는 MRI나, 초전도 리니어 열차**에서 자석의 반발력으로 차체를 띄우는 용도로 사용됩니다.

또한 **많은 양의 전류를 손실 없이 송전하는 데에도 활용될 것으로** 기대되고 있습니다.

문제는 임계온도 Tc가 절대온도를 기준으로 잡았을 때 수 켈빈(K)으로 매우 낮다는 점입니다. 따라서 액체 헬륨(끓는점 4.2K, -269℃)이 없으면 초전도는 이용할 수 없습니다.

하지만 액체 헬륨은 귀중한 자원으로, 일본은 오로지 미국에서 수입하는 것에 의존하고 있습니다. 그래서 임계온도를 높여 **액체질소**(끓는점 -196℃)**의 온도에서 초전도가 되는 고온 초전도체의 개발**이 기다려지고 있습니다.

209

● 전기 저항이 0이 되는 까닭

그렇다면 어째서 초전도 상태에서는 전기 저항이 0이 되는 걸까요?

전기 저항이 발생하는 가장 큰 원인은 물질 안을 나아가는 소립자인 전자가 다양한 요인 때문에 운동을 방해받기 때문입니다. 이처럼 운동을 방해하는 요인은 **산란요인**이라고 불리는데, 물질 안의 불순물이나 결정의 결함, 혹은 금속 원자의 열 진동 등이 이러한 산란요인으로 꼽힙니다.

금속의 온도가 낮아지면 전도도가 높아지는 이유는 금속 원자의 열 진동이 억제되기 때문입니다.

초전도 상태에 놓인 물질 안에서는 전자 2개가 짝을 이루어 운동하고 있습니다(**쿠퍼 쌍**). 이 쿠퍼 쌍을 형성함에 따라 초전도체 안의 전자는 하나의 커다란 파동처럼 운동할 수 있게 됩니다.

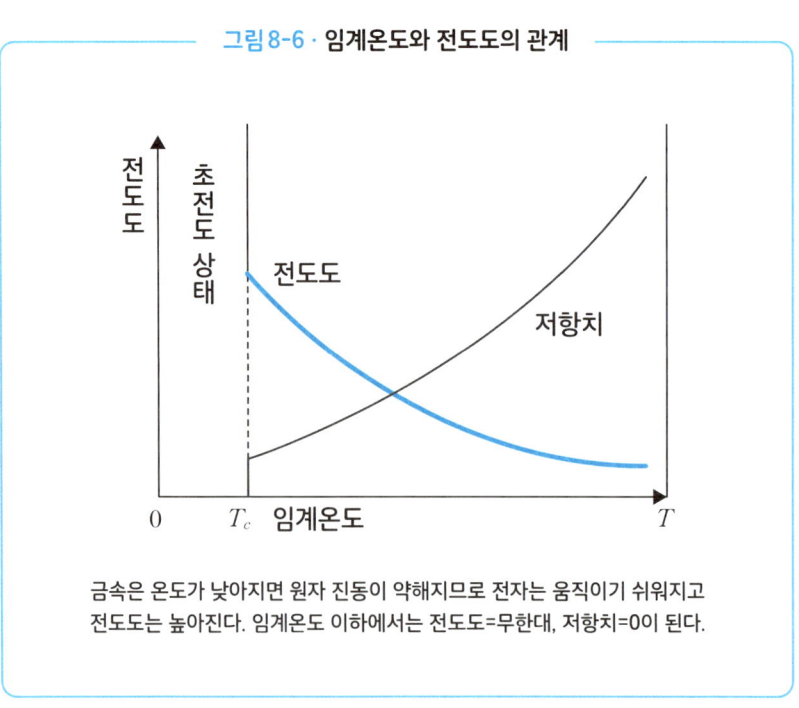

그림 8-6 · 임계온도와 전도도의 관계

금속은 온도가 낮아지면 원자 진동이 약해지므로 전자는 움직이기 쉬워지고 전도도는 높아진다. 임계온도 이하에서는 전도도=무한대, 저항치=0이 된다.

이 파동은 쉽게 산란요인을 극복할 수 있기 때문에 아무런 방해도 받지 않고 운동할 수 있게 되어 초전도 상태를 이루는 것입니다.

현재 대기압 안에서 관측된 가장 높은 T_c(임계온도)는 Hg-Ba-Ca-Cu-O계 초전도체의 133K(-140℃)입니다.

초전도에 관련해서는 임계온도의 향상뿐 아니라 초전도 현상의 메커니즘 규명이나 새로운 초전도체의 발견 등, 다양한 연구가 계속해서 발전해나가고 있습니다.

참고문헌

『ビックリするほど素粒子がわかる本』江尻宏泰（SB クリエイティブ /2009）

『トコトンやさしい宇宙線と素粒子の本』山﨑耕造（日刊工業新聞社 /2018）

『Newton 別冊　量子論のすべて　改訂第 2 版』（ニュートン・プレス /2021）

『絶対わかる量子化学』齋藤勝裕（講談社 /2004）

『数学いらずの分子軌道論』齋藤勝裕（化学同人 /2007）

『数学いらずの化学結合論』齋藤勝裕（化学同人 /2009）

『知っておきたいエネルギーの基礎知識』齋藤勝裕（SB クリエイティブ /2010）

『知っておきたい放射能の基礎知識』齋藤勝裕（SB クリエイティブ /2011）

『人類が手に入れた地球のエネルギー』齋藤勝裕（シーアンドアール研究所 /2018）

『「量子化学」のことが一冊でまるごとわかる』齋藤勝裕（ベレ出版 /2020）

『脱炭素時代を生き抜くための「エネルギー」入門』齋藤勝裕（実務教育出版 /2021）

『身近にあふれる「相対性理論」が 3 時間でわかる本』齋藤勝裕（明日香出版社 /2021）

『「原子力」のことが一冊でまるごとわかる』齋藤勝裕（ベレ出版 /2023）

찾아보기

ㄱ

가미오칸데 34
가지타 다카아키 34
감마선 131, 137
감속재 160
강착원반 206
건포도빵 모형 69
검출 확률 75
게이지 입자 25, 33, 122
격납 용기 161
결합성 궤도 97, 100, 101, 196, 199
결합 에너지 101, 130
결합 전자구름 97, 100
고리 화합물 117
고속 증식로 166
고온 초전도체 209
공궤도 97
공역 고리 화합물 117
공역 이중결합 116
공유결합 96, 112, 195
광자 26
광전관 실험 57
광화학반응 197, 198
국제 열핵융합 실험로 164
궤도 79
궤도 대칭성 이론 198
궤도 상관도 103

궤도 에너지 102
궤도의 형태 83, 86, 87
궤도전자 포획 146
그라비톤 26
극성층권운 187
글루온 26, 122
금속결합 96
껍질 구조 128
껍질 모형 128

ㄴ

나가오카 한타로 69
난부 요이치로 154
냉각재 160
뉴턴, 아이작 46
뉴턴 역학 46

ㄷ

단일결합 112
닫힌 껍질 구조 90
대기 중성미자 174
대칭함수 201
대통일 이론 42
데모크리토스 66, 67
동위원소 124, 131
동중성자원소 127
동핵 이원자 분자 105
드 브로이, 루이 48, 49, 61, 63

드 브로이 공식 61
들뜬 상태 128, 197
디랙, 폴 38, 48, 49

ㄹ

러더퍼드, 어니스트 69
러더퍼드 모형 69
렙톤 23, 31

ㅁ

마법수 127
만물의 이론 42
몬트리올 의정서 187
물질 불멸의 법칙 140
물질파 61
뮤 입자 174, 176, 190
뮤 입자 산란법 191
뮤 입자 투과법 190

ㅂ

바닥 상태 197
반감기 132, 143, 145
반결합성 궤도 100, 102, 196, 199
반대칭함수 201
반물질 39
반전자 38
방사능 135

방사선 131, 135
방사성 동위원소 131
방사성 물질 135
보손 33
보스 입자 33
보어, 닐스 48
보어 모형 70
분기 연쇄반응 150, 160
분자궤도 100
분자궤도법 104, 198
붕괴 사슬 144
블랙홀 205
비공유 전자쌍 92
비국재화 π결합 117
비파괴 검사 190
빅뱅 152

ㅅ

산란각 190
산란요인 210
삼중결합 112
삼체문제 72
상대성 이론 46, 193
생성 원자핵 141
세차운동 54
소립자 19, 21, 22
수소결합 96
수소 분자 양이온 105, 108
수소폭탄 163
슈뢰딩거, 에르빈 48, 49, 71, 72
슈뢰딩거 방정식 71, 74
슈뢰딩거의 고양이 74

슈바르츠실트 반지름 206
슈퍼 가미오칸데 35
스핀 89
스핀 양자수 89
시그마결합 112, 114
시스체 115
시스-트랜스 이성질체 116
쌍생성 39, 40
쌍소멸 39

ㅇ

아인슈타인, 알베르트 47
안개상자 실험 56
안정 동위원소 131
압력 용기 161
액적 모형 127
양성자 121
양성자선 138
양자 50
양자론 46, 48, 193
양자 비트 202
양자수 53, 72, 77
양자 얽힘 202
양자 중첩 202
양자 컴퓨터 202
양자화 52
양자화학 195
양전자 38
연료체 159
열린 껍질 구조 91
열핵융합로 165
열화학반응 198
열화학 방정식 140

오로라 177, 180
오로라 벨트 177
오비탈 79
오존층 185
오존홀 186
용융 원료(핵연료 잔해) 191
우드워드, 로버트 번스 198
우드워드-호프만 법칙 198
우라늄 농축 159
우주 방사선 169
원자가 전자 91, 94, 199
원자궤도 96, 100
원자력 발전 158
원자번호 123
원자핵 76, 120
원자핵 반응 120, 135, 140
원자핵 분열 148
원자핵 붕괴 141
원자핵 융합 148, 154
유기 분자 109
유기화합물 109
유기EL 197
유카와 히데키 37
은하 우주 방사선 170
이산량 52
이온결합 96, 195
이중결합 112
인공 핵융합 163
일반 상대성 이론 47
임계온도 209, 211
임계 플라스마 조건 165
입체이성질체 198

ㅈ

자기권 178
전기 전도도 209
전약 통일 이론 43
전자구름 76, 85, 120
전자기력 126
전자껍질 76
전자 밀도 100
전자 배치 88
전자쌍 91
전자 전이 196
전자 중성미자 174
정상 연쇄반응 150, 160
정전기적 인력 126, 195
정전기적 척력 127
제어봉 160
조합 최적화 문제 204
준안정핵 143
중간자 37
중력 붕괴 207
중성미자 31, 34
중성미자 진동 31
중성자 121
중성자별 156
중성자선 137
중성자 제어재 160
중입자선 134, 138
질량수 123

ㅊ

체렌코프 빛 36
초끈이론 43
초대질량 블랙홀 207

초대칭성 이론 43
초대통일 이론 42
초신성 폭발 156
초우라늄 원소 132
초전도 상태 209
초전도 자석 209
최고 점유 분자궤도 199
최외각 91
최외각 전자 91, 94, 199
최저 비점유 분자궤도 199
축퇴 81
축퇴 궤도 81
출현 확률 204

ㅋ

쿠퍼 쌍 210
쿨롱 반발력 128
쿼크 23, 31
퀘이사 208
퀴리, 마리 183, 184

ㅌ

탈출 속도 206
태양 우주 방사선 170, 171
태양 중성미자 174
태양 중성자 176
태양풍 177
태양 플레어 172, 176
토륨 원자로 166
토카막형 165
톰슨, 조지프 존 68
트랜스체 115
특수 상대성 이론 47

ㅍ

파동함수 71, 72, 199
파울리, 볼프강 88
파울리와 훈트의 원리 88
파이결합 112
파이 중간자 174, 176
팽창 우주 153
페르미, 엔리코 184
페르미 입자 23, 28, 31, 122
포톤 26
표준 모형 31
프론 186
프론티어 궤도 199
플라스마 164, 177, 179
플랑크 상수 58, 61
플럼 푸딩 모형 68

ㅎ

하이젠베르크, 베르너 83, 84
하이젠베르크의 불확정성 원리 83
하이퍼 가미오칸데 35
항성 154
항성질량 블랙홀 207
해밀턴 연산자 71
핵력 127
핵분열 131
핵분열로 158
핵분열 반응 148
핵분열 에너지 148
핵분열 연쇄반응 149
핵융합 131, 163
핵융합로 158, 163

215

핵융합 반응 150
핵융합 발전 151
핵자 121, 126
핵종 145
호킹, 스티븐 윌리엄 154
호킹 복사 208
호프만, 로알드 198
혼성궤도 109
홀전자 91
화학결합 195
활동은하핵 208
훈트, 프리드리히 88
힉스, 피터 28
힉스 입자 28

기타

D-^{3}He반응 157
d궤도 81
D-D반응 164
D-T반응 157, 164
GUT 42
HOMO 199
ITER 164
LUMO 199
p궤도 81
s궤도 81
sp^{2}혼성궤도 112
sp^{3}혼성궤도 110
Tc 211
W보손 26
Z보손 26
α붕괴 141
α선 136

α클러스터 128
β붕괴 141
β선 136
γ선 131, 137
γ붕괴 142
σ골격 114
σ결합 112, 114
π결합 112
1차 우주 방사선 173, 175
2차 우주 방사선 175